科技馆教育活动开发与创新实践

第七届全国科技馆辅导员大赛展品辅导项目优秀作品集锦

中国科学技术馆 编

中国科学技术出版社
·北 京·

图书在版编目（CIP）数据

科技馆教育活动开发与创新实践：第七届全国科技馆辅导员大赛展品辅导项目优秀作品集锦 / 中国科学技术馆编 .
北京：中国科学技术出版社，2025. 5. -- ISBN 978-7-5236-0773-2

Ⅰ. G322.2

中国国家版本馆 CIP 数据核字第 2024WE1007 号

策划编辑	王晓义
责任编辑	林　然
封面设计	中文天地
正文设计	中文天地
责任校对	吕传新
责任印制	徐　飞

出　　版	中国科学技术出版社
发　　行	中国科学技术出版社有限公司
地　　址	北京市海淀区中关村南大街 16 号
邮　　编	100081
发行电话	010-62173865
传　　真	010-62173081
网　　址	http://www.cspbooks.com.cn

开　　本	720mm × 1000mm　1/16
字　　数	576 千字
印　　张	34.75
版　　次	2025 年 5 月第 1 版
印　　次	2025 年 5 月第 1 次印刷
印　　刷	北京博海升彩色印刷有限公司
书　　号	ISBN 978-7-5236-0773-2 / G · 1050
定　　价	198.00 元

编委会

主　编　殷　皓

副主编　钱　岩　庞晓东　廖　红　齐　欣

编　委（按姓氏笔画排序）

卢金贵　刘晓峰　吴雄飞　张晓春

黄星华　曾川宁　路建宏　缪文靖

编　审（按姓氏笔画排序）

曲晓亮　刘伟霞　刘芷廷　杜心宁

李逢林　张志坚　秦英超　高　超

高　婷

序

科技馆是面向社会公众特别是青少年等重点人群，以展览教育、研究、服务为主要功能，以参与、互动、体验为主要形式开展科学技术普及相关工作和活动的公益性社会教育与公共服务设施。近些年来，我国科技馆事业蓬勃发展，整体态势良好，在促进科普服务公平普惠、提高公民科学素质方面发挥了重要作用。自2009年起，为搭建全国科技馆学习交流平台，以赛代训，以赛促学，全国科技馆辅导员大赛正式启动，每两年一届，迄今已成功举办7届。大赛旨在提高科技辅导员综合素质和专业技能，提升科技馆服务公众的能力和水平，引领科技馆行业高质量发展。当前，大赛已发展成为科技馆行业最具影响力的业务竞技赛事。

本书集中展现了第七届全国科技馆辅导员大赛全国总决赛优秀获奖作品，涉及61名展品辅导项目选手、56个科学表演项目（26个科学实验项目、28个其他科学表演项目）和73个教育活动资源包项目。内容包括：展品辅导项目单件展品辅导和主题串联辅导环节文稿，科学实验项目及其他科学表演项目活动方案。同时，为了再现赛事项目，本书还附上大赛部分获奖作品的现场视频。

希望本书的出版，既能展示各地科技馆辅导员的风采，又能为广大科普从业人员提供宝贵的、可以借鉴的教育活动案例，提升科技馆展教业务能力和水平，推动科技馆事业高质量发展，为公众提供更多丰富、优质的科普服务。

目　录

第一章

大赛简介

全国科技馆辅导员大赛（以下简称大赛）2009 年开始举办，每两年一届，迄今已成功举办 7 届。大赛旨在为全国科技馆搭建学习交流平台，以赛代训，以赛促学，提高科技馆辅导员综合素质和专业技能，提升科技馆服务公众的能力和水平，引领科技馆行业高质量发展。

第七届大赛由中国科学技术馆主办，中国自然科学博物馆学会科技馆专业委员会承办，中国科技馆发展基金会提供公益支持，宁波科学探索中心承办全国总决赛。大赛聚焦科技馆展览教育核心业务，设展品辅导、科学表演和教育活动资源包 3 个比赛项目。

大赛选拔赛共分 7 个分赛区，为华北、东北、华东、东南、中南、西南和西北赛区，覆盖全国 21 个省、5 个自治区、4 个直辖市及新疆生产建设兵团，累计 182 家科技馆、349 名展品辅导项目选手、182 个科学表演项目、156 个教育活动资源包项目参赛。经过激烈比拼，来自全国科技馆的 61 名展品辅导项目选手、56 个科学表演项目（含 26 个科学实验、28 个其他科学表演项目）和 73 个教育活动资源包项目晋级全国总决赛。

第七届大赛全国总决赛严格按照比赛程序，经过公平、公正的评比，最终评选出一等奖 30 个、二等奖 50 个、三等奖 74 个、优秀奖 29 个，并同步评选出科学表演项目“最佳创意奖”6 个，通过网络投票方式评选出展品辅导项目“最佳人气奖”3 名。

一、组织机构

（一）主承办单位

主办单位：中国科学技术馆

承办单位：中国自然科学博物馆学会科技馆专业委员会

公益支持单位：中国科技馆发展基金会

分赛区主办单位：华北赛区：山东省科技馆

东北赛区：辽宁省科学技术馆

华东赛区：江苏省科学技术馆

东南赛区：宁波科学探索中心

中南赛区：柳州科技馆

西南赛区：重庆科技馆

西北赛区：甘肃科技馆

总决赛承办单位：宁波科学探索中心

（二）组织委员会

组织委员会由主办、承办、公益支持等单位相关领导组成，负责审议大赛工作方案，审查、监督和指导整体赛事过程。

总顾问：徐善衍、程东红

主　任：殷　皓

副主任：庞晓东

委　员（按姓氏笔画排列）：卢金贵、齐欣、刘晓峰、吴雄飞、张晓春、黄星华、曾川宁、路建宏、缪文靖、廖红

工作组：工作组组长由齐欣同志担任，张彩霞同志担任副组长，成员由主办、承办及公益支持等单位相关工作人员组成。

（三）监审委员会

监审委员会组成由决赛主办、承办单位确定，主要负责监督大赛全过程，包括大赛试题的保密工作、比赛结果的核实、受理参赛单位及选手申诉等。

（四）评审委员会

评审委员会由科技馆专家、科学性评审、往届获奖辅导员和舞台表现力评委 4 类人群构成，重点审议大赛评审方案并负责赛事评审工作。

二、参赛对象

大赛参赛对象为全国各地科技馆，具体参赛选手须为各地科技馆的在职职工。

三、比赛内容

大赛设展品辅导、科学表演和教育活动资源包 3 个项目。

（一）展品辅导项目

展品辅导为个人赛，考察选手辅导基本功与综合素质。

大赛决赛赛制分单件展品辅导和主题串联辅导两个环节：

“单件展品辅导”含自选展品辅导（满分 98 分）和知识问答（10 道必答题，每题 0.2 分，满分 2 分）。

“主题串联辅导”突出展厅现场感，本环节分为两部分进行比赛，选手依次抽取辅导主题后，先进行辅导思路解析，阐述内容包括但不限于辅导对象、所涉展品、辅导形式、切入思路、创新点及预期效果等。随后结合决赛举办地的相关展品进行主题辅导，鼓励选手串联辅导。

1. 单件展品辅导（若干）

本环节比赛分为两个阶段。

第一阶段：每位选手自选展品（须为所在场馆实际展出的展品）进行辅导。选手可使用现场提供的小黑板、A4 纸、笔等进行辅助辅导。每位限时 4 分钟，不足时间不扣分，超时扣 0.5 分。本阶段满分 98 分。

选手需于比赛前一周向承办单位提交自选展品文字介绍、展品照片（2—3 张）及 30 秒展品操作和演示视频（不允许动画，视频中不能出现或暗示所在场馆信息）。

第二阶段：所有选手辅导结束后，进行知识问答环节比赛。本阶段共 10 道必答题，每答对一题得 0.2 分，满分 2 分，答错或超时未答题不得分。每道题限时 30 秒内回答完毕。

选手第一阶段和第二阶段得分累加后为本环节最后得分。

本环节采用抽签分组、平行会场的方式进行比赛，每组前 10 名进入第二环节。

2. 主题串联辅导（20 名）

所有选手分为 5 组，每组 4 人，通过抽签确定顺序。每组 1 号选手代表本组，在比赛前 1 小时随机抽取 1 个辅导材料，同一组选手依序各延时 10 分钟获得辅导材料。选手需明确辅导主题，从大赛组委会给定的展品库中自选展品，开展现场辅导。所选展品数量不限，鼓励串联辅导。

比赛开始后选手先进行辅导思路解析，包括但不限于辅导对象、所涉展品、辅导形式、切入思路、创新点及预期效果等。

选手辅导过程中，鼓励参赛选手合理设置与受众的互动交流。每人限时 10 分钟，不足时间不扣分，超时即停，不扣分。比赛现场为选手提供平板电脑、黑板、A4 纸、笔等材料。

此环节每组第三、第四名选手获二等奖；每组前 2 名选手获一等奖，同时授予“全国金牌科技辅导员”荣誉称号。

此环节所涉展品库将于决赛前 45 天公布，并同期公布展品相关信息。

（二）科学表演项目

科学表演设“科学实验”和“其他科学表演”两类。“科学实验”类上台选手限 4 人（含），“其他科学表演”类上台选手限 8 人（含）。

1. 科学实验

“科学实验”要适合在展厅面向公众进行表演，符合实验安全规范，尽量不要使用明火以及具有腐蚀性或有毒有害的化学药品。如实验过程中确需使用，参赛队需负责实验安全，对道具及场地做好防护，不得触发烟感、喷淋等设备，若参赛项目造成比赛场地损坏，参赛队需照价赔偿。

每个节目限时 8 分钟，不足时间不扣分，超时扣 1 分。

所有选手统一着大褂（颜色自选），可有适当肢体动作表演。实验内容要能够激发观众的好奇心与想象力，有相应实验或制作过程，展示明确科学原理。

参赛项目仅限使用 PPT（可含分段视频或动画）辅助，不能使用舞台灯光（不包括场灯和面灯的正常使用和暗场）、全程视频和配乐；不能将视频作为科学实验的核心内容。

项目主要道具占地不得超过 2 米 ×1.2 米 ×2 米的范围。

2. 其他科学表演

“其他科学表演”指除科学实验之外的表现形式，如科普剧、科学秀和能够表现科学内涵的其他艺术形式，有较强艺术表现形式，鼓励形式和手段创新。比赛作品须围绕科学家精神、前沿科技和公共安全健康教育 3 个主题开展。

每个节目限时 8 分钟，不足时间不扣分，超时扣 1 分。

参赛项目可使用大屏幕（如 PPT、视频）、音乐、音效为辅助表演手段，但不允许以视频、音乐、音效为主要表现形式。比赛强调现场表演，以语言或者演唱为主要表现手段的作品，禁止通过提前录音的方式进行表演。

（三）教育活动资源包项目

教育活动资源包重在考察参赛人员围绕科技馆的展览展品、面向不同观众群体开发设计多种类教育活动的能力。本环节采用现场答辩形式进行，在全国总决赛开赛前完成评审，并在总决赛现场对获奖作品进行集中展示。

参赛者须为科技馆在职辅导员，每支队伍不超过 3 名。参赛队需提交完整教案、活动开发及实施情况介绍、演示视频等内容。赛事评审围绕科学性、趣味性、可推广性、创新性以及现场答辩表现等方面进行评审。方案陈述时间 8 分钟，提问交流环节 7 分钟。

第二章

展品辅导项目获奖作品

一等奖获奖作品

1

主题串联辅导

科技助力冬奥

一、主题选择

第二十四届冬季奥林匹克运动会于 2022 年 2 月 4 日至 20 日在北京市和河北省张家口市成功举办。“带动三亿人参与冰雪运动”，这是中国申办 2022 年冬奥会时向国际社会做出的郑重承诺。

科技是这届冬奥会不可或缺的重要支撑，无论是运用科技创新推进场馆建设、运用科技力量保障赛事组织，还是运用前沿技术提高运动员比赛成绩、运用智慧服务推动冬奥普及，每一方面都离不开科技的助力。可以说，这届冬奥会是名副其实的“科技冬奥”。

结合以上材料选择展品进行串联辅导。

二、创作思路

面向家庭团体开展主题为“科技助力冬奥”的主题串联式辅导。在辅导过程中，我将采用“5E”教学法。首先采用问题进行引入，“冬奥里面有科技吗？”从而通过问题激发观众群体的好奇心和学习兴趣，在探究和解释环节采用两个展品——“地球发烧了”“绿色能源氢能源”。两个展品将分别带领大家了解二氧化碳如何科技助力冬奥、氢能源如何让冬奥科技十足，而这两个展品也都不约而同地体现了中国的“绿色”办奥理念。然后在迁移环节我将带领大家了解前沿科学技术如何保障冬奥赛事组织运行。最后在评价环节，我将在前面两个展品学习的基础上带领大家学习科学知识、了解科学方法、体会科技力量。在整个辅导的过程中所涉及的学科核心概念是技术、工程与社会。我辅导的创新点是科学技术与环境的统一，并且在我辅导的过程中还将体现我国的“双碳”战略，即2030年达到碳达峰，2060年达到碳中和。

三、辅导稿件

各位大朋友、小朋友，欢迎你们来到科技馆参观！我要先问大家一个问题，今年过年你们开心吗？来，小朋友先回答。

“老师，我开心啊。我今年收了好多的压岁钱！”

好，这位家长你来说。

“今年过年非常与众不同，因为我们不仅享受了阖家欢乐的祥和气氛，而且全家人还一起坐在电视机前观看了北京冬奥会！”

没错，今年的冬奥会在我们家门口举行，那你们知道北京冬奥会和往届的冬奥会有什么不同吗？今年我们是科技冬奥。那我们的冬奥中哪里体现了科技呢？大家都摇头？没关系，今天就让我们借助科技馆的展品前去一探究竟。

你们看，在我身旁的展品叫作“地球发烧了”，说到这个名字你们会想到什么？这位爸爸说得很好，二氧化碳！那我们请3位小朋友上来体验一下。小朋友们，请你们站在展品的摇杆前，现在请大家将挡位调至最低挡，看看展品视频中给我们展现了些什么？

“老师，当我们将挡位调到最低挡的时候，在视频中看到的是地球环境的样子，蓝天绿水青山！”

没错，那请你们现在将挡位调至最高挡位，看看视频内容又会出现什么样的现象呢？

“老师，我发现这里的摇杆代表的是废气排放、森林砍伐和火力发电，当我把挡位调到最高挡位的时候，工厂里的烟囱排放出了大量的黑烟，大片的森林树木被砍伐，刚才的绿水青山也不见了。”

是的，当我们调节挡位就代表着大量的森林被砍伐、废气废水等污染物的排放量也急剧增加，这里就模拟了地球环境中二氧化碳数量增多的场景，地球环境受到影响，环境变得非常恶劣，绿水青山不见了，取而代之的是灰蒙蒙的天、光秃秃的山。那二氧化碳难道就真的这么不好吗？答案是否定的。

其实，在冬奥中，二氧化碳就在科技的助力下帮助赛事顺利进行。那我先来问大家一个问题，大家知道我们今年举办冬奥会的场所有哪些吗？

雪如意！雪游龙！冰丝带！

没错，其中冰丝带是冬奥会的速滑馆。要满足速滑比赛的需求，场馆对冰面的要求是非常高的。那么小朋友们，我来问一个问题，如果让你们制造一个冰面，你们会拿什么来造呢？

“老师，当然用水啊。这还用说嘛？”

是的，将水降温到冰点来制作冰面是传统的制冰方法，但是我们今年是科技冬奥，我们要用二氧化碳来制冰。二氧化碳跨越临界值可以直接蒸发制冷，从而可以用于制备冰面，保证赛事顺利进行。

大家看，二氧化碳虽然让我们的地球环境变得不太美了，但是在冬奥会中借助科技的力量助力了冬奥，并且我们还有这样的一个数据来体现。冰丝带场馆如果全冰面运转的话，整个制冰系统碳排放量将无限趋近于零，如果将这句话表示成一个数据，那就是我们每年可以节约 200 万度电，这可是相当于要燃烧 600 吨煤啊。所以我们用二氧化碳制备冰面完全体现科技助力冬奥，更体现了绿色冬奥的理念。

那我们的绿色和低碳只体现在场馆建设中吗？我们的科技还应用在其他哪些方面呢？我再来问大家一个问题，你们知道为了保证这次冬奥会顺利运行，我们共设置了几个赛区吗？这位妈妈你来说。

“我知道，有 3 个赛区，北京赛区、延庆赛区，还有张家口赛区。”

说得真棒！说到张家口就不得不提大巴车，在比赛的核心区域，这些特殊的大巴车保证了我们的运动员出行的需求，更保证了比赛的顺利进行。那我来问问小朋友们，你们坐过大巴车吗？大巴车都是依靠什么来提供动力呢？

“老师，我坐过大巴车，是黄色的车牌，轻踩油门，大巴车就顺利出发了。”

“老师、老师，我也坐过，我坐的是绿色车牌的大巴车，它用电来驱动，更加环保。”

大家说的都很对，黄色和蓝色车牌的车依靠汽油或柴油提供动力。绿色车牌的车改用电能驱动，是更加绿色低碳的选择。但是我们这次办冬奥是科技冬奥，我们选择了全新的动力驱动。这里就要说到绿色能源——氢能源了，在我身旁就有一个展品让我们了解了氢能。

来，小朋友，你来按下这个按键，看看展品中有什么现象。

“老师，我按下了按键，这里有视频开始播放了，并且水箱中还有气泡产生，是制备出来气体了吗？”

没错，其实我们在按下按键之后，视频中正在模拟的是电解水的过程，来，这位妈妈，请你来告诉我，水的化学式是什么？没错，就是 H_2O。那么当水中通入电之后，水就会被电离，大家看会出现什么现象呢？ H_2O 中的氧被电离出来，两个氧原子重新结合形成氧气，两个氢原子则重新构建空间结构成为氢气，从而完成了氢气和氧气的制备，于是我们就看到有气泡产生了。这个小朋友，请你再次按下按键，看看这回发生了什么现象？

“老师，这回氢气和氧气被通入了一个空间中，点燃，它们燃烧似乎产生了强大的能量，将这个火箭模型都推到高空去了！”

没错，氢气和氧气在燃烧时会进行剧烈的化学反应，释放大量的热量，并且在燃烧的过程中构成氧气的一个氧原子会重新回到两个氢原子的身边，从而再次形成水。那么我的问题又来了，大家看，在我们刚才电离水制备氢气和氧气的过程中，和我们点燃氢气和氧气的过程中，有废弃物的产生吗？有不符合绿色冬奥的污染物产生吗？答案是否定的。所以大家看，用水来制备氢气，然后将氢能通入大巴车的驱动系统中驱动大巴车的运转，符合绿色冬奥的办奥理念，而这更是我们科技助力冬奥的一个有力的表现。

大家看，我们今天通过科技馆中的两个展品带领大家了解到用二氧化碳降温制冰，绿色能源氢能源驱动大巴车运行，科技助力冬奥，并且完全符合绿色冬奥的办奥理念，也符合我国提出的碳达峰、碳中和的“双碳”战略。我们在家门口办冬奥，要胸怀大局，自信开放，克服科技壁垒，迎难而上，才能够追求卓越，共同创造我们美好的明天！

四、团队介绍

张　微：山西省科学技术馆展教中心辅导员。

仝鲜梅：山西省科学技术馆展教中心主任。

吴　翔：山西省科学技术馆展教中心辅导员。

张哲侨：山西省科学技术馆展教中心辅导员。

杨松涛：山西省科学技术馆展教中心辅导员。

五、创新与思考

主题串联辅导灵魂在于主题，形式在于串联，关键在于辅导，用什么样的形式让这个灵魂有趣起来是考验每一位选手的难题。选择恰当的展品、合理的逻辑、得体的语言是构建有效辅导内容的必要准备。但是在辅导的过程中只准备这些还远远不够，我们需要根据受众的不同而制订不同的辅导方案，要充分结合展品的内容，紧密围绕串讲的主题，密切联系观众和展品，从而构建知识的纽带和情感的桥梁，在轻松的环境中让观众体会到知识的力量，进而传递鲜明的主题和灵魂。

每一篇主题串联辅导都是对已有展品的一次新的排列组合，看似形似但却各具特点；每一次创作都宛若新生，是学习的动力和前行的灯塔。

项目单位：山西省科学技术馆

文稿撰写人：张　微

单件展品辅导

大花楼织机

一、主题选择

大花楼织机是中国古代织造技术的最高成就。通过深入学习展品“大花楼织机”背后的知识，可以让公众深切体会中国智慧的魅力，唤起公众的民族自豪感，从科技的角度解读文物，达到“让文物活起来”的效果。

二、创作思路

辅导目标：观众通过体验展品“大花楼织机”，了解提花技术的原理，并进一步感受中国科技对世界文明发展的影响。

辅导过程：首先，将计算机与大花楼织机类比，设置反差与悬念吸引观众注意力。其次，通过纸条模拟编织，让不了解提花工艺的观众也能快速了解编织的原理。接着利用磁铁和数字的图形转化，进一步推出二进制的概念。最后，在结尾与开头呼应，引导观众思考大花楼织机与计算机的关系，并进一步引发关于东西方技术交流推进世界文明发展的思考。

辅导对象：小学高年级学生。

三、辅导稿件

同学们，大家好！今天我介绍的展品是大花楼织机。在我国古代织造技术排行榜上，它可是绝对的第一名。大家还不知道吧，它还是一台两千年前的“计算机”。

可能有同学说，这不是标题党吗？一台古代织机难道穿越了？它怎么会是计算机呢？别着急，听我慢慢和大家讲。

同学们，你们知道计算机用什么来存储数据吗？没错，硬盘。提花机的硬盘就是上方的白色纱线，它叫花本。工匠们把设计好的图案，提前编织在花本中，纺织工只要按花本操作就能织出图案。提花机操作需要两人配合完成，大家看，楼上坐着的是挽花工，负责提拉纱线；楼下的是织花工，负责穿梭打纬。真有这么神奇吗？我们来操作一下。

这里准备了两种纸条来模拟提花机上的纱线，粉色是花本控制的经线，白色是下方编织的纬线。现在，请同学们听我指令，请提拉经线乙，下方投出纬线。然后提拉甲号和丙号经线，下方投出纬线。接下来我们重复刚才的操作，继续提拉花本控制的经线，投出下方编织的纬线，同学们都完成了吗？大家看，通过简单的五步，我们已经织出了一个图案。

现在，我们在经线在上的位置放红色磁铁，纬线在上的位置放蓝色磁铁，大家看，图案被分解成一个点阵图形。同学们，第一步我们用经线和纬线编出了图案，第二步把它转化成了点阵。如果我们沿着这个思路继续往下走，用 1 和 0 代替红、蓝磁铁，会怎么样？同学们，我们这个图案是不是可以用二进制这种 1010 的方式来记录和存储了？

古人就是利用这种思路，将复杂的图案分成经线在上和纬线在上两种状态，分成不同的线组，也就是花本，纺织工按照花本操作就可以织出既大型又精美的图案了。这就是提花机称霸排行榜的关键技术——提花工艺，也就是开始我们说的计算机存储硬盘。

这种提花工艺，通过丝绸之路传到西方，启发了法国人贾卡。他用机械代替人工操作，制作了孔板式提花机，成为早期“计算机”的雏形。

同学们，通过今天的辅导，大家看，两千年前的提花机和现在的计算机、提花工艺和数据存储，可以说是血脉相连。现在，我们再看提花机时，你还认为它只是一种古代的纺织工具吗？不，它是中国技艺的传承、劳动人民智慧的发展，它更是东西方技术交流的典范。

四、团队介绍

李嘉琪：中国科学技术馆展览教育中心讲师。

黄　践：中国科学技术馆展览教育中心讲师。

景仕通：中国科学技术馆展览教育中心讲师。

项目单位：中国科学技术馆

文稿撰写人：李嘉琪

附　大赛现场掠影

主题串联辅导

从太空育种看科技认识改造世界

一、主题选择

2021 年 9 月 17 日，随着神舟十二号载人飞船返回舱在东风着陆场成功着陆，我国空间站阶段首次载人飞行任务取得圆满成功。与执行飞行任务的航天员一同返航的，还有来自寿仙谷的 LZ72、LZ30 号灵芝菌种和 Y2 号铁皮石斛等 5 株航天菌种。这是寿仙谷继 2003 年、2005 年、2012 年、2013 年、2016 年后，第六次尝试太空育种。

太空育种，也称空间诱变育种，就是将农作物种子送到太空，利用太空特殊的、地面无法模拟的环境（高真空、宇宙高能离子辐射、宇宙磁场、高洁净）的诱变作用，使种子产生变异，再返回地面进行选育成新品种。这项技术已被证明是创制农作物新种质和培育新品种的有效技术途径。

结合以上材料选择展品进行串联辅导。

二、创作思路

核心概念：生物体遗传信息逐代传递，可发生改变。（2022 年义务教育科学课程标准）

辅导思路：通过材料引出太空育种概念，采用 PBL（基于问题）教学法和角色扮演法，引导学生扮演“太空育种小专家”，通过体验展品解决“如何进行太空育种”的问题，进而了解关于生物遗传学与航天技术的相关知识，认识科学技术带给人类的影响。

辅导对象：辅导对象为初中学生团体。这一阶段的学生对生物遗传已经有所了解，但是关于太空育种具体原理的理解则需要高中阶段的学习支撑，因此我设计通过展品辅导的方式，引导学生自主思考，从动手体验中由浅入深了解生物遗传知识。

三、辅导稿件

通过材料中神舟十二号载人飞船带回的“航天菌种”引出太空育种，而太空育种涉及遗传学相关知识。由此引导观众扮演“太空育种专家”，通过观察体验科技馆的展品，探究太空育种的原理和意义。

（一）第一件展品：“孟德尔豌豆实验”

引导观众回到 19 世纪，通过展品操作模拟“遗传学之父”孟德尔的豌豆实验过程。通过提问与互动的方式，详细了解黄色和绿色豌豆杂交的过程与结果，并得出子二代黄绿色豌豆比例是 3∶1。由此引出孟德尔关于生物遗传存在隐性性状和显性性状的研究，进而介绍自由组合定律和分离定律，打开了人类关于遗传学研究的大门，对后世关于生命本质的研究起到了非常大的帮助，并体会生物遗传信息对生物进化的意义。

（二）第二件展品：“生命的诞生”

按照遗传学研究的时间线，了解 20 世纪的研究对人类揭开太空育种奥秘的作用。通过对比操作展品“生命的诞生”，引导观众了解碱基互补配对原则，进而思考碱基顺序的改变会影响生物性状的改变，而太空育种正是利用了这一科学知识。

（三）第三件展品：“空间站综合演示”

引导观众进行情境式体验观察展品，了解太空环境的特点。如观察航天员睡袋位置引出太空微重力环境；通过对比航天员舱内舱外航天服的区别引出太空环境中存在大量宇宙射线粒子、极端温度等特点。介绍科学家正是利用航天技术的发展等条件改变植物 DNA 的碱基顺序来诱导植物基因突变，进而实现太空育种。

（四）总结

通过遗传学的科学研究帮助我们认识生物本质，通过航天技术实现太空育种，进而引出“科学帮助人类认识世界，技术帮助人类改造世界”的主题，并鼓励观众对科学研究产生兴趣，畅想未来的科研成果。

四、团队介绍

李嘉琪：中国科学技术馆展览教育中心讲师。

黄　践：中国科学技术馆展览教育中心讲师。

景仕通：中国科学技术馆展览教育中心讲师。

项目单位：中国科学技术馆

文稿撰写人：李嘉琪

附　大赛现场掠影

单件展品辅导

传声筒

一、主题选择

所选展品为声学展品，展品操作、体验、互动性强，现象明显。

二、创作思路

在以往大赛中，大多数选手选取的都是经典展品，但再次将这些展品“讲出花”却是一件很难的事，所以在创作初期，我们筛掉了重复率较高的展品，并贴合自身辅导风格选择了这件轻松又有趣的展品。在翻阅儿童读物时，我们被听诊器发明的故事打动，一个简单的动作却成就了一项伟大的发明，并且很多人都不知道这个典故，故将此与展品结合进行创作。“传声筒”虽然简单，但在整个辅导过程中包含了体验、互动、实验、探究和科学精神等方方面面，将听诊器雏形和传声筒进行结合，利用控制变量法探究传声筒的传声奥秘，并根据自身真实体验进一步探究传声筒“混响”的原因。结尾既有科学精神的升华，也与稿件开头进行了呼应。

辅导对象：小学四年级学生。

三、辅导稿件

同学们好，在今天的“玩转科学”中，老师给你们每个人都准备了一张纸，现在请跟我一起来做：把纸卷起来放在耳边，有没有听到呜呜的声音呢？拿开后就听不见了，就是这样一个普通的动作，却成就了一项伟大的发明。让我们先把时间倒回到19世纪。在法国，一名叫雷内克的医生正在为患者诊治心脏病，在当时，医生们只能用耳朵贴着患者的身体听诊，这样不方便，也听不清楚。雷内克忽然想起孩子们做游戏时用圆木传声，他灵机一动将纸卷成筒为患者听诊，没想到听得清楚多了，就这样，听诊器的雏形出现了。

为什么把纸卷起来就听得更清楚呢？现在我们就通过传声筒这件展品一探究竟。你们看，这里有3根十几米长的彩色空心铁管，我们请两位同学分别站在铁管的两头。首先，在不借助传声筒的情况下小声和对方说话，请问你听见了吗？小伙伴摇摇头。接下来，请对着传声筒轻声说话。咦？这次听得非常清晰，这是怎么回事呢？

这就要从声音的产生说起了，现在，请大家和老师一起把手放在喉咙上，边说话边感觉。咦，振动了，所以，声音是通过物体振动产生的，以机械波的形式传播。大家想一想，在刚才体验展品时，同学们的距离是一样的，音量也大致相同，唯一不同的是什么呢？对了，传声方式。第一次，同学发出的声音传向四面八方，大部分声波的能量被空气和周围物体吸收掉了，对面的同学就听不清了。而第二次面对传声筒说话，限制了声波的传播方向，使声波汇聚在管道中，对面的同学就听得很清晰了。我们用到的探究方法就叫作控制变量法。

老师听到又有同学提问了，为什么传声筒里的声音和平时不太一样，有一种混响的感觉呢？这个问题问得非常好！大家看，当声音进入管道时，不同方向的入射声波的反射路径不同，这样，到达另一端的时间就产生了微小的差异。而且，这些行走路程不一样的声波叠加以后可能会形成干涉，使声波的强度和频率更加复杂。同时，管壁也会因为受到声波振动而发声，我们听到的是多重声波叠加在一起的声音，就有了混响的感觉。

同学们，雷内克从玩具中受到启发发明了听诊器，推动了医学的进步。历史上，很多科学家和雷内克一样，都是在偶然中产生灵感，在探索中不断创新，这不正是我们应该学习的科学家精神吗？相信只要你们善于发现、勤于思考，也能成为推动人类文明进步的科学家！

四、团队介绍

党　勇：陕西科学技术馆数字科普部主任，工艺美术师。

杨远丛：陕西科学技术馆展示教育一部主任。

王　冰：陕西科学技术馆技术保障部负责人，高级工程师。

陈　涛：陕西科学技术馆展示教育一部副主任，中级审计师。

侯　莹：陕西科学技术馆展示教育一部业务主管。

项目单位：陕西科学技术馆

文稿撰写人：侯　莹

附　大赛现场掠影

主题串联辅导

航天创新梦永不失重
科学探索梦张力无限

一、主题选择

2022 年 6 月 5 日，随着神舟十四号载人飞船的成功发射，陈冬、刘洋、蔡旭哲 3 位航天员开启了为期半年的太空生活。后续随着“梦天”“问天”两个实验舱的成功发射，标志着中国空间站正式建成。

在 2021 年 12 月和 2022 年 3 月，我国分别在空间站进行了两次“天宫课堂”太空授课活动，为广大青少年带来了一场精彩的太空科普课。活动中，航天员华丽变身为科学课教师，在九天之上向全球观众演示了一批精心设计的科学实验并揭示了背后的科学道理，展现空间站微重力环境下和地球上的现象差异，完全超越了人们日常的经验和感知，激发了世界各国民众特别是广大青少年朋友探求科学规律、探索宇宙奥秘的热情。

结合以上材料选择展品进行串联辅导。

二、创作思路

（一）活动介绍

结合当前航空航天社会热点话题，融入“5E”教学法，通过探究、体验、游戏、互动等环节让学生了解火箭的分级和结构，学习我国天宫空间站的相关知识，宣扬民族自主创新精神。

（二）活动过程

参与阶段：以故事“万户飞天”引入，初识火箭。

探究阶段：以展品“多级火箭”为基础，利用 A4 纸、乒乓球作为辅助教具，探究火箭结构。

解释阶段：借助展品火箭模型了解火箭的不同分级。

扩展阶段：以“空间站综合演示”展品引入，了解我国空间站结构，扩展我国空间站创新点。

迁移阶段：宣扬民族自主创新精神，升华情感。

（三）活动创新点

结合苏教版小学科学课本六年级（上）第四单元“探索宇宙”展开辅导。

三、辅导稿件

屏幕前的同学们，你们好，老师今天通过直播的形式带你们云逛科技馆。今天，咱们要一起去探索太空中的奥秘。你们准备好了吗？

在辅导之前，老师想先跟大家讲一个故事，故事发生在明朝年间，有一位富有人家的子弟叫万户。他最感兴趣的是中国古人发明的火药和火箭。他想利用这两种具有巨大推力的东西将他送上天去。万户不顾众人劝阻，手持两个大风筝，坐在一辆捆绑着 47 支火箭的蛇形飞车上。大家想一想，万户成功了吗？不幸的是，火箭最终爆炸，万户为此献出了生命。虽然万户飞天失败，但是他勇于探索和创新的梦想，使他成了世界上第一个尝试利用火箭飞天的人物。如今，我们已经实现了万户飞天的梦想，他曾经设想过的火箭也已经成了通往太空的交通工具。那火箭又是如何进入太空的呢？接下来，老师就要通过“多级火箭”这件展品带领大家一起学习。

大家看，火箭发射台上有一枚单级火箭和一枚多级火箭。按下按钮同时发射两枚火箭，大家仔细观察，发现什么了？说的没错，右边的多级火箭分离了，并且分离之后仍然可以继续前进，比单级火箭发射得更高。说到这里有同学提问了，火箭为什么要分级呢？目的是提高火箭的连续飞行能力与最终速度。多级火箭的每一级都装有发动机与燃料，从尾部最初一级开始，每级火箭燃料用完后自动脱落，同时下一级火箭发动机开始工作，使飞行器继续加速前进，最终将有效载荷送入预定轨道。其中，多级火箭按级与级之间的连接形式又可以分为串联、并联和串并联 3 种类型。大家请看展品两边的中国长征系列的火箭模型，左边向我们展示的就是串联火箭，它们像糖葫芦一样连成了一串，而右边的则是串并联火箭，大家明白了吗？

好，请大家继续观察火箭的外形特征，它由哪些形状组成？大家观察得真仔细，火箭的顶端是圆锥体，箭体是圆柱体，接下来我们就通过实验一起来探究火箭为什么要设计成这种形状。我们先来看前端箭头的设计。大家分成两组，一组用 A4 纸折一只尖头飞机，另一组折一只平头飞机，折好之后两组进行比赛，看看哪组折的飞机飞得更远。通过比赛我们发现尖头飞机飞得更远，说明什么呢？没错，尖头的设计能减小飞行中空气带来的阻力。好，我们继续探究，来看箭体的设计，我们用到的材料是乒乓球和 A4 纸，用同样大小的 A4 纸，分别折成立方体和圆柱体，折好之后往里面放乒乓球，大家看看这两种箭体哪个装的乒乓球多呢？通过探究我们发现圆柱体装的乒乓球多一些，说明什么呢？用圆柱体当箭体，它的容量大，能装载更多燃料，燃料越多，就能把更多的“运量”留给所搭载的航天器。通过我国不断自主创新和技术突破，大家熟知的“嫦娥”“墨子”等航天器，都是靠着运载火箭这个小伙伴将它们送入太空的。在太空中有一座庞大的太空堡垒，你们知道它是什么吗？没错，就是空间站。大家想不想看看空间站的内部是什么样呢？我们一起走进空间站综合演示这件展品，展品向我们展示了空间站的生活舱、过渡舱和实验舱 3 个舱段。生活舱主要介绍了航天员的生活状态，包括如何吃饭、睡觉和锻炼等。实验舱介绍了航天员在太空中需要做的科学实验。接下来，老师要非常自豪地介绍咱们中国的空间站了，你们知道它叫什么名字吗？对啦，它有一个好听的名字，叫“天宫”。按计划，天宫空间站主要由 5 个部分组成。首先是载人飞船，它是用来负责接送航天员的。“问天”实验舱和“梦天”实验舱是用来做科学实验的，其中“问天”实验舱于 2022 年 7 月 24 日在海南省的文昌航天发射场发射成功，“梦天”实验舱于 2022 年 10 月 31 日发射成功。天和核心舱是航天员们的住所，“天宫课堂”就是在这里开讲的。货运飞船是用来运送各种物资，提供补给支持的，它也有一个好听的名字，叫作“天舟”。除此之外，我们的“天宫”空间站更创新性地与一座搭建空间望远镜的“巡天”号光学舱共轨飞行。这座口径达 2m 的望远镜不仅拥有媲美哈勃望远镜的分辨率，更有超过其 300 倍的视野范围，既能巡天又能察地，非常厉害！

同学们，老师今天只给大家介绍了两件展品，但是它背后却蕴藏着我们中华民族熠熠生辉的航天创新梦。从万户飞天到逐梦天宫，都离不开中国航天人自主创新、永攀高峰的梦想，即便在最艰难困苦、一穷二白的年代，我们也从未停止过用自己的力量去追逐这个梦想。同学们，让我们从航天事业的不断飞升中感受使命的崇高，从载人航天精神里汲取创新的能量，“飞天梦永不失重，科学梦张力无限”！

四、创新与思考

可将稿件细化、拆分为两个部分做教育活动。

“多级火箭”可继续延伸，带领学生了解中国不同长征系列运载火箭、探究火箭飞行原理（从制作气火箭入手，探究作用力与反作用力），根据所学知识自行设计一款火箭。

“空间站综合演示”可结合“转动惯量”“万有引力”等经典展品与“天空课堂”开展的实验进行对比探究，扩展我国天宫空间站创新部分“巡天号光学舱”的相关知识。

五、团队介绍

党　勇：陕西科学技术馆数字科普部主任，工艺美术师。

杨远丛：陕西科学技术馆展示教育一部主任。

侯　莹：陕西科学技术馆展示教育一部业务主管。

项目单位：陕西科学技术馆

文稿撰写人：侯　莹

附　大赛现场掠影

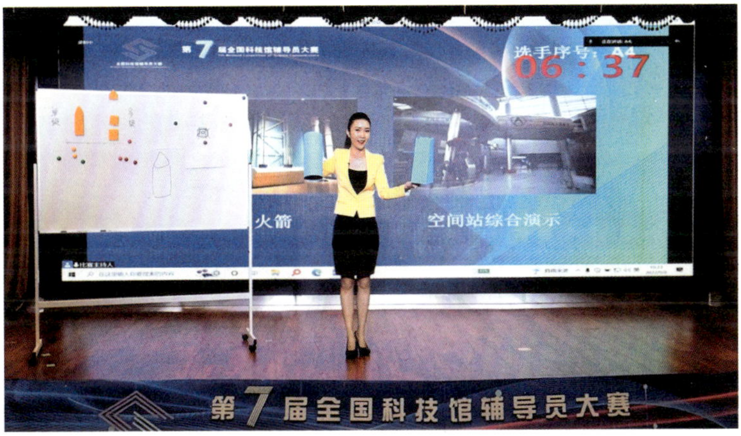

单件展品辅导

百发百中

一、主题选择

“百发百中”是一件互动性、趣味性较强的展品。在针对学生群体的辅导过程中，更容易调动学生的求知欲，使他们积极主动地进行观察探究。

二、创作思路

将展品与大国重器 FAST 进行巧妙结合，创设情境，辅导以听（声音）—玩（小球）—思（现象）—验（设想）—结（结论）—拓（迁移）的过程来进行，传递基础科学的重要性。

三、辅导稿件

欢迎来到宇宙小课堂！同学们，你们听，在浩瀚的宇宙中有一颗星星在说话，扑通扑通，就像心跳一样。其实这是一颗 1.6 万光年外的星星在向地球发射信号，你们所听到的声音，就是由接收到的信号转换而来的。同学们，这从天而降的信号要怎么接收呢？想要知道其中的奥秘，先来完成一项挑战！

大家看，这件展品的顶部分布着许多小洞，接下来请同学们选择任意洞口下落小球，看谁的小球能够砸中里边的铃铛。瞧，有同学发现不对劲了，不管扔进哪个洞口，小球总能砸中铃铛，为什么小球可以百发百中呢？

看到了现象，我们先来思考一下，这小球落到地上和展品里边有什么不同吗？这位同学说“小球落到地上是向上弹的，但到了展品里边就全跑到铃铛的位置了”，观察得很仔细，那看来想要百发百中，还得找一个能改变小球路径且聚集小球的接触面，那么什么样的面才能做到呢？

别着急，伽利略可说过，一切推理都必须从观察加实验得来。我这准备了几种接触面，接下来就让我们以实验见真章！接触面一——斜面，小球路径改变，但无法聚集小球，排除。接触面二——球面，小球向四周弹起，看来也不是球面。那再试试接触面三——抛物面，这回小球聚到一块了！

通过对比实验我们发现，这 3 种接触面当中只有抛物面有一个聚集点，这个点我们称为焦点。注意了！抛物面有一个有趣的光学性质，就是凡是平行于焦点轴进入的光线在面上反射之后一定都会聚集在焦点之上。打开脑洞，如果把小球的运动轨迹想象成光线，百发百中也就不难理解了。看，这小球路径似光线，下落反射抛物面，百发百中聚铃铛，焦点就在铃铛处！说到这，百发百中你们学会了吗？

好，请同学们继续思考，如果下落的不是小球而是电磁波信号呢？没错，也是一样的。在我国有一台世界最大的射电望远镜叫作中国天眼，它在探测的过程中也会从球面转成抛物面，再加上焦点处的接收器就能聚集从天而降的电磁波信号了。

同学们，发现了吗？从百发百中到深空探测，其实任何前沿科技都离不开基础科学原理的支撑。所以，让我们从现在开始就打好基础，一起脚踏实地，再来仰望星空！

四、团队介绍

陶思敏：绍兴市科协秘书长，绍兴科技馆馆长。

施寒雪：绍兴科技馆展教活动部辅导员。

五、创新与思考

将前沿科技与科技馆里的展品相结合，讲解词以实际教学活动为原型，从听、玩、看、思考、实验等方面推进，让学生有多感官的体验，对于知识点的剖析还可以更深入一些。

项目单位：绍兴科技馆

文稿撰写人：施寒雪

单件展品辅导

微观粒子结构探索

一、主题选择

在科技馆中，与科技发展史相关的展品占据一定比例。虽然近年来展览展品在不断更新迭代，但我们始终认为，科技史类展品蕴含着丰富可持续挖掘的内容。“微观粒子结构探索”这件展品所串联起的科学家对原子结构探索的历史过程、背后的科学方法和精神内涵，对于当下学生的科技创新实践可以带来诸多新的启发。

二、创作思路

辅导目标：学生通过动手再现原子内部结构探索的实验过程，结合历史故事，了解原子模型建立背后所反映出的科学方法和科学精神。

辅导对象：初中高年级学生。

辅导思路：利用当下学生普遍感兴趣的“猜盲盒”来类比人类对原子结构的猜想过程，引起学生的兴趣；结合历史故事和展品实际操作，带领学生一起了解历史上电子和原子核发现的过程，利用白板、磁扣和 A4 纸等道具辅助学生直观理解原子模型，将“大胆猜想，小心求证和勇于质疑”的科学方法和精神内涵贯穿于辅导之中，并在最后总结凝练出来。

三、辅导稿件

同学们好，首先我想问问大家，你们喜欢盲盒吗？我看很多同学都点头了。其实，不光你们喜欢，科学家们也喜欢盲盒。大家来看，老师手心里就有一个盲盒，你们看到了吗？没看到？那再凑近点看看，还是没有？没看到就对了，因为这个盲盒是原子。原子非常小，100 万个氢原子手拉手，差不多是你头发丝的直径。原子已经这么小了，100 多年前的科学家们就猜想，原子应该像个实心球，它不能再拆分了。但是，英国物理学家汤姆孙，在小心求证的过程中，却找到了不一样的答案。下面咱们就回到 1897 年，看看汤姆孙是怎么打开这个盲盒的。

眼前的展品就是汤姆孙的实验模型，同学们看，一束粒子从金属中发射出来，请同学转动前面的磁铁，原本笔直的射线是不是弯曲了？汤姆孙就是通过这样的现象，在反复的实验和计算后，最终测定出粒子带负电，质量却只有氢原子的 1/2000。也就是说，他找到了原子里更小的电子，推翻了原子是实心球的猜想。

于是，汤姆孙又大胆提出了新的猜想。我们一起来看一下。汤姆孙认为，原子更像是葡萄干蛋糕，蛋糕部分均匀带正电，带负电的电子则像一个个葡萄干镶嵌在上面。

汤姆孙有个学生叫卢瑟福。卢瑟福为了验证老师的猜想，继续小心求证。

这次，卢瑟福用打靶的方法来开盲盒。怎么打靶呢？他用一种穿透性很强的粒子作为子弹，去轰击金原子。同学们想一想，如果原子像葡萄干蛋糕的话，蛋糕是很松软的，根本就挡不住子弹。我们通过展品来验证一下。大家看，在正对发射源的后面，确实接收到了大量的粒子，汤姆孙的模型看起来是正确的。

但是，当我们继续实验，请同学转动观察屏幕，有没有新的发现？有些粒子拐弯了，还有极少数的粒子居然被弹了回来。这些现象显然是刚才的葡萄干蛋糕模型解释不了的。于是，卢瑟福就大胆猜想，原子质量不是均匀分布的，而是在它的中心有一个体积很小、质量却很大的硬核，带正电，带负电的电子则绕着核旋转。大家来看，这个模型是不是就可以解释上面所有的现象了呢？就这样，卢瑟福再一次打开了盲盒，找到了原子核，推翻了汤姆孙的模型。

刚刚我们跟随几代科学大师，一起打开了原子这个盲盒。当然了，真正的科学研究并不像开盲盒那么简单。但大胆猜想、小心求证，在理性的思维框架下勇于质疑的科学方法，却始终是我们打开未知世界大门的一把钥匙。

四、团队介绍

宋　楠：中国科学技术馆影院管理部助理研究员。

孙伟强：中国科学技术馆科技辅导教师，中国空间站首次“天宫课堂”地面教师。

李　博：中国科学技术馆展览教育中心高级工程师。

五、创新与思考

微观粒子看不见摸不着，那原子究竟有多小？科学家如何研究它的结构？普通人又如何更好地认识这一探索过程？这些问题是辅导本件展品想要重点解决的。通过与身边熟悉的宏观事物和现象进行类比，可以帮助学生更加直观地理解微观世界。“猜盲盒”作为一种类比，直观、形象，又可以激发学生的兴趣，但最终落脚点是想突出真正的科学探索与“猜盲盒”的不同之处，希望学生能够感悟理解。

受限于辅导时间和辅导对象的知识水平，更多关于微观粒子研究探索的内容无法展开，比如说更小的夸克、核外电子排布规律、微观粒子研究前沿、宇宙极端环境下微观粒子的形成等一系列更加高深却同样有趣的问题，可以针对知识储备更高的人群做拓展和提高。

项目单位：中国科学技术馆

文稿撰写人：宋　楠

附　大赛现场掠影

主题串联辅导

科技助力　在太空播撒生命

一、主题选择

2021年9月17日，随着神舟十二号载人飞船返回舱在东风着陆场成功着陆，我国空间站阶段首次载人飞行任务取得圆满成功。与执行飞行任务的航天员一同返航的，还有来自寿仙谷的LZ72、LZ30号灵芝菌种和Y2号铁皮石斛等5株“航天菌种”。这是寿仙谷继2003年、2005年、2012年、2013年、2016年后，第六次尝试太空育种。

太空育种，也称空间诱变育种，就是将农作物种子送到太空，利用太空特殊的、地面无法模拟的环境（高真空、宇宙高能离子辐射、宇宙磁场、高洁净）的诱变作用，使种子产生变异，再返回地面进行选育成新品种。目前，这项技术已被证明是创制农作物新种质和培育新品种的有效技术途径。

结合以上材料选择展品进行串联辅导。

二、创作思路

材料涉及主要内容为太空育种，通过梳理展品库中的50件展品，选取了其中与生物遗传以及航天相关的展品。为了更加自然地将展品串联，同时不局限于单纯对太空育种本身的介绍，我认为与地面相比，微重力、高辐射等独特的太空环境，是引导学生更加深刻理解航天探索的关键。而从太空育种到空间站直接培育，再到将种子播向深空，可以形成一个逐渐递进的辅导脉络，这也是一步步激发学生想象力和创造力的过程。要想实现上述的内容，核心是人类科学技术的不断进步，因此，最终提炼出“科技助力，在太空播撒生命”这一辅导主题，整体采用 5E 教学法进行辅导。

题目给定的辅导对象为学生团体，我聚焦在初中生群体。针对太空育种这一领域，初中阶段的学生已经在课堂上学习了相关的生物、物理知识，但是对于课本知识与实际应用结合还略显不足，通过具体的问题和实际案例，引导学生在体验展品的基础上，理解太空育种基本原理，以及太空的独特环境可以带来哪些有趣的实验，激发学生的想象力和创造力。

三、活动过程

（一）引入环节

开门见山，问题引入开启辅导，通过提问“同学们知道从地面把 1 克重量的物体发射到太空中的成本吗？”激发学生的好奇心，揭晓答案后进一步追问“为什么要花费如此巨大的财力将普通种子送入太空呢？太空育种如何选育优良性状的种子呢？”从而自然地过渡到第一件展品。

（二）探究和解释环节

第一件展品:“生命的诞生”

让学生通过实际动手操作展品“生命的诞生”，观察不同颜色方块的组合规律，并利用衣服拉链做类比，介绍碱基互补配对原则和 DNA 复制的过程。进一步引导学生思考，当由于外界种种原因，拉链发生缺失、错位等情况时，会产生什么现象。让学生理解太空的高辐射和微重力等特殊环境，可以诱发种子的基因突变，从而有可能产生更加优良的性状。

通过“生命的诞生”讲述完太空育种的基本原理后，进一步说到，虽然太空育种可以加速基因突变，但仍然需要将种子带回地面经过几年甚至更长时间的选育，才能最终得到优良品种的农作物。进而提出新的问题“同学们想一想，还有没有其他的方法可以在太空培育种子呢？”过渡到下一件展品。

第二件展品:“空间站综合演示”

对于上面的问题，有学生会很自然地想到“能不能直接在空间站种种子？”从而顺理成章地进入“空间站综合演示”这件展品，近距离地了解空间站的构造和科学实验柜。本展品重点介绍航天员们正在问天实验舱进行的“植物全生命周期实验”，带领学生观察高矮不同水稻的长势特点，一起探讨在太空特殊环境下，植物生长开花结果的过程，可能与地面有哪些不同之处。

待学生亲身体验完“空间站”后，继续抛出问题，“大家还有没有更大胆的想法，可以将种子播撒在更遥远的地方呢？”

（三）迁移环节

第三件展品:“探测外太空之路”

想象力丰富的学生，可能会提出用航天器将种子带离地球轨道，飞向更遥远的其他星球的想法，从而引出“探测外太空之路”这件展品，实现整体内容的迁移。通过展品互动，带领学生简单了解航天器飞向遥远太阳系边缘的重要方法——引力弹弓效应。

（四）评价环节及总结

从“探测外太空之路”这件展品，引出迄今为止飞得最远的航天器——旅行者 1 号。讲述 1990 年情人节当天，它调转摄像头，对着地球拍摄著名照片“暗淡蓝点”的感人故事。迄今为止，地球依然是人类赖以生存的唯一家园，而为了人类更好地生存和发展，我们需要借助科技的力量，将种子播撒在更加遥远的太空之中。最后，让学生结合今天的辅导内容，自由发挥想象，用画笔描绘人类利用未来科技播撒太空种子的场景，作为整个辅导教学过程的评价环节。

四、团队介绍

宋　楠：中国科学技术馆影院管理部助理研究员。

孙伟强：中国科学技术馆科技辅导教师，中国空间站首次“天宫课堂”地面教师。

李　博：中国科学技术馆展览教育中心高级工程师。

项目单位：中国科学技术馆

文稿撰写人：宋　楠

附　大赛现场掠影

单件展品辅导

简单振动

一、主题选择

选择展品“简单振动”，以展品互动体验探究了解声音的三要素。

二、创作思路

将展品和人体自身作为实验器具，通过操作展品、观察波形，初步认识声学三要素中的音调、音色和响度；通过依托身体设计的配套小实验，对比探究、实验验证，加深记忆，获得直接经验。

三、辅导稿件

同学们，大家好，今天我们的任务是“看见”声音。你没听错，是看见声音。我们知道声音的本质是人耳能听到的振动，那怎样才能看见声音呢？这件展品——简单振动，就能帮我们实现目标。

我们看到展品上有几组发声装置，并各自配有显示器，让我们直接来动手体验、观察现象吧。

现在我来敲击中间这组铜管，大家发现了什么？

第一个学生：老师，我看到你敲击最粗的那根管子时，波形比较大（在白板上画出来左 1 波形）。

第二个学生：是的，老师在敲击第二根铜管时，波形就小了一些（在白板上画出来左 2 波形），然后，敲击第三根铜管时波形更小了（在白板上画出来左 3 波形）。

第三个学生：老师，我看到当你敲击第四根最细的铜管时，波形很细很密集了（在白板上画出来左 4 波形）。

对，同学们都观察得很仔细，也都把波形变化的现象描述出来了。我们是不是发现了一个规律：铜管的粗细与波形的大小有关，铜管越粗，波形就越大；铜管越细则波形越小。而这种现象与声音的音调有关。

什么是音调？音调就是声音的高低。物理学中用“频率”来描述物体振动的快慢，频率决定声音的音调。

我们看到显示器的横坐标是一个时间轴，假设把从波谷到波峰的一段“N”波视为一次振动的周期，那么，刚才同学们看到最粗铜管的大波形的那段波（指回白板左 1）是不是振动周期就少，而最细的那根铜管的振动周期（指回白板左 1）就多。

我们把在单位时间振动周期的数量叫作频率。振动周期多则频率高，振动周期少则频率低，所以频率高则音调高，频率低则音调低。对应到我们人体就是高音与低音的区别了。

我们在歌唱时就是通过控制声带振动的频率来唱出不同的音调。频率高（唱一句高音），声带振动快；频率低（唱一句低音），声带振动慢。

那平时我们唱歌，除了高音和低音，还有什么不同呢？对，这位同学提出来了，就是我们每个人唱歌的声音大小也不同。这个又是由什么决定的呢？

同学们再注意看老师敲击铜管，老师用不同的力度敲击同一根铜管，波形又出现了变化（画出右 1—4）。比较重敲和轻敲的波形，你们发现了什么？

第四个学生：老师，重敲波形比较大，轻敲的波形比较小。

是的，物理学中用“振幅”来描述物体振动位移的幅度。振幅越大声音越大，振幅越小声音越小，这个就是声音的响度。

同学们可以伸出双手，我们用一个简单的实验，通过拍手来感受力度与声音大小的变化。轻轻拍拍手，产生的声音小；用力拍拍手，产生的声音大。

今天，我们通过《简单震动》了解了声音的知识，感知了声学三要素中的音调和响度。当然，感官的边界不是探索的终点，希望同学们举一反三，探索一下声学三要素中的另一个（音色），让未知的心保持震动，声生不息，怎么样？！

四、团队介绍

许世梅：广西壮族自治区科学技术馆展教部部长。

张祖兴：广西壮族自治区科学技术馆培训部讲师。

邱希泽：广西壮族自治区科学技术馆展教部科技辅导员。

五、创新与思考

关于声音的科普辅导可以很有趣。它可以用音乐＋科学实验的方式展示，可以是一场别开生面的精彩演出，而人的身体本身也是最直接、最便捷的实验器具。本次辅导设计，依托展品，通过观察可以实现实验现象的对比探究；依托人体设计的小实验可以实现直接经验的获取，加深记忆；通过辅导员的引导可以使公众实现从科学现象的直观表述“声音大小、高低”到科学名词“响度、音调”的严谨学习。结尾时的“作业”探索音色，则常有启发性，完整地传达了声学三要素的概念。这是一次以声音为主题的展品深度辅导。

项目单位：广西壮族自治区科学技术馆

撰稿人：许世梅　邱希泽

附 大赛现场掠影

主题串联辅导

新能源助力碳达峰碳中和

一、主题选择

气候变化是人类面临的全球性问题。随着各国二氧化碳的持续排放，温室气体猛增对生命系统形成威胁。在这一背景下，世界各国以全球协约的方式减排温室气体。2020年9月，中国在联合国大会上向世界宣布了2030年前实现碳达峰、2060年前实现碳中和的目标。2022年8月，科技部、国家发展改革委、工业和信息化部等9部门印发《科技支撑碳达峰碳中和实施方案（2022—2030年）》，统筹提出支撑2030年前实现碳达峰目标的科技创新行动和保障举措，并为2060年前实现碳中和目标做好技术研发储备。

“双碳”战略倡导绿色、环保、低碳的生活方式。加快降低碳排放步伐，有利于引导绿色技术创新，提高产业和经济的全球竞争力。中国持续推进产业结构和能源结构调整，大力发展可再生能源，在沙漠、戈壁、荒漠地区加快规划建设大型风电光伏基地项目，力求兼顾经济发展和绿色转型同步进行。这是一场广泛而深刻的经济社会变革，亦是事关中华民族永续发展和构建人类命运共同体的愿景。

请选手结合以上材料自拟主题选择展品进行串联辅导。

二、创作思路

面向家庭、团体开展主题为“新能源助力碳达峰碳中和”的教育活动。选择的3个展品分别是“地球发烧了”“太阳能追踪器”和“绿色能源——氢能源”。整个辅导过程采用了 5E 教学模式。在引入环节通过“地球发烧了”这个展品说明人类工业活动使二氧化碳浓度升高，造成温室效应。为了达到碳达峰碳中和的目标，在探究解释环节选取了两个新能源——太阳能和氢能。在迁移环节，由人类工业活动了解到二氧化碳排放，再说到太阳能、氢能的能源替代，从而实现可持续发展、构建人类命运共同体的目标。评价环节说到了降低二氧化碳的排放并非易事，“碳中和”更是任重而道远，但在研发和寻找新能源的道路上，必须坚定地走下去。核心概念：能源和环境。创新点：多次反复探究和解释。

三、辅导稿件

各位大朋友、小朋友们，欢迎大家来到科技馆。你们知道吗？在地球生命的演化历程中，我们人类选择了不同于其他物种的生存方式：其他动物以进化适应自然，而唯有我们人类通过发明和发现来改造自然。

在人类社会的整个发展历程中，每一次能源的革新都推动着人类社会的进步和发展。第一次工业革命被称作蒸汽时代，当时瓦特的蒸汽机使煤炭被大量使用。第二次工业革命，内燃机的出现使石油得到了广泛使用，于是煤炭和石油成了最主要的能源，地球上的二氧化碳含量大幅度上升，产生了温室效应。产生温室效应后会发生什么现象呢？没错！就是我们的地球“发烧”了，接下来一起来看科技馆里“地球‘发烧’了”这件展品。有请 5 位同学到我们展台前推动这 5 个滑杆，先把它们推动到最小的位置上。你们观察到了什么呢？“老师，我们发现大屏幕上有蓝天白云、绿水青山，是一幅和谐的景象。”是的，在没有人类工业活动之前啊，地球上的空气质量非常好，后来又发生了什么呢？这 5 位同学你们继续推动这 5 个滑杆，推到最大处，发现了什么？这 5 个滑杆分别代表了森林砍伐、畜牧养殖、火力发电、工业排放和尾气排放，当这些人类活动达到最大的时候，我们再来看大屏幕。“老师，蓝天不见了，白云也不见了，绿水青山通通都没有了，而是出现了乌烟瘴气的景象。”没错，人类大量的工业活动使地球上二氧化碳浓度大量升高，于是产生了温室效应。今年夏天大家也都感受到了，每天汗流浃背，仿佛行走在千里蒸笼里，我们的地球“发烧”了。为了缓解这样的状态，2020 年 9 月，中国在联合国大会上向世界宣布了 2030 年前实现碳达峰、2060 年前实现碳中和的目标。

为了实现这样的目标，我们该怎么办呢？这位爸爸说了，要使用新能源。那么在同学们的脑海里，新能源都有哪些呢？“有太阳能，有氢能……”那么接下来我们就通过科技馆里的展品来了解这两种新能源。这里有一个太阳能追踪器，上面有 3 种模式，分别是晴天、阴天和多云天，请 3 位小朋友来到展台前每人选择一种模式，大家发现了什么？“老师，我选择的是晴天，灯泡最亮，发电能力最强。”“老师，我选择的是阴天，灯泡暗，发电能力不强。”没错，太阳能和光照强度有关。当选择了晴天，光照强度强。当光照射到太阳能电池板上时，灯泡非常亮，发电能力也非常强。“老师，我发现当转变光照角度时，发电能力也是不一样的。当光照角度对准太阳能电池板时，发电能力最强”。除了太阳能还有什么新能源呢？刚刚这位爸爸说除了太阳能还有绿色能源——氢能。接下来，我们就来了解绿色能源——“氢能源”这件展品。氢能也是非常受我们国家重视的新能源。它广泛地存在于我们地球上。我们地球可以称得上是一个水球，71% 的面积都被海洋所覆盖着。谁能说一说，水是由什么组成的？这位妈妈说是由氢和氧组成的。这位小同学你来按一下按钮，发生了什么现象？“老师，我发现按动按钮后水开始电解，电离出来的气体是氢气和氧气。氢气和氧气经过燃烧产生了大量能量。氢能，还能使火箭成功发射。”太阳能、氢能这些新型能源如果能代替传统能源就一定可以减少二氧化碳的排放。

从今天的教育活动中，我们由人类工业活动了解到二氧化碳的排放，再由太阳能、氢能想到了能源替代，从而实现可持续发展和构建人类命运共同体的目标。但是目前看来，降低二氧化碳排放并非易事，而实现碳中和的目标更是任重而道远。但是，我们不可能抛弃科学回到过去，更不可能无视危机抛弃未来。尽管这条道路有很多的艰难险阻，但我们在研发和寻找新能源的道路上必须要坚定不移地走下去！大朋友们、小朋友们，我们来想象一下，如果将来用新能源代替了传统能源，就可以抛开煤炭、石油等化石能源，从而大量使用新能源。到那个时候，我们的天空会变得更蓝，海水会变得更清，生活也会变得更加美好！

四、团队介绍

董金妮：山西省科学技术馆展教中心辅导员。

仝鲜梅：山西省科学技术馆展教中心主任。

张哲侨：山西省科学技术馆展教中心辅导员。

吴　翔：山西省科学技术馆展教中心辅导员。

五、创新与思考

主题式串讲就像一篇议论文，必须要把握好主题。主题就好比是这篇论文的论点。而展品的选择恰好是几个强有力的论据在支撑着这个主题。展品内容要和主题结合起来，同时还要照顾到现场的观众，和观众要有互动。在科技馆工作时，对于科技热点的积累也很重要，尤其是对科技新闻的敏锐度。这些积累也为串讲词的撰写打下了基础。

项目单位：山西省科学技术馆

文稿撰写人：董金妮

附　大赛现场掠影

单件展品辅导

小球大世界

——换个角度看地球

一、主题选择

展品：小球大世界。通过投影展示立体球面内容，可视化素材约900条。观众以太空视角进行观看，可以更加宏观、全面地了解地球和空间科学。

辅导主题：换个角度看地球。体现平面与立体维度差异。从不同角度看地球，产生新的思考，开启新的探索。

二、创作思路

辅导目标：学生通过探究地图与地球的差异，提高多维度思维和多角度思考的能力。

辅导对象：小学五年级学生。

辅导思路：展品可将平面图转化为立体球面展示。学生在平面地图上设计最短的飞行航线图，通过球面展示，产生对比冲突，激发学生的探究兴趣。学生在活动过程中，增强多角度看问题，多维度看事物的意识和能力。

三、辅导稿件

同学们好，欢迎来到“小球大世界”。大家站在小球的两侧，小球停转。这边的同学看到了地球的白天，那边的同学看到了地球的黑夜。这不禁让我想到了一句古诗：

横看成岭侧成峰，远近高低各不同。从不同的角度看待同一个事物，结果也有所不同。现在，让我们从北极上空俯瞰地球，既能看到白天，也能看到黑夜。

让我们再换个角度看地球。老师把地球投影到平面上，就是常见的地图。地图上已经标出了中国的北京市和美国的洛杉矶市。接下来大家分成3组，分别设计从北京市飞往洛杉矶市的航线图。

第一组设计的是红色线路：从北京市出发画一条直线横跨太平洋来到洛杉矶市。第二组设计的是蓝色线路：经西伯利亚，从阿拉斯加向东南到达目的地。第三组反其道行之，向西出发绕了大半个地球来到终点。

同学们的设计都很有特点。下一个环节开始投票，选出你们认为最短的线路。这位同学说红色最短，因为两点之间线段最短。那位同学说蓝色最短，因为它是基于地球实际形态设计的。现在公布结果：红色10票，蓝色5票，红色胜出。且慢，红色线路真是最短的吗？

现在老师把大家的设计图投放到小球上。让我们再换个角度看地球。看！神奇的事情发生了。红色线路变成了曲线，蓝色线路缩短了。通过观察、对比和实际测量得出的结论是蓝色线路最短。

这是怎么回事呢？难不成地图出错了？

其实，我们常用的地图是墨卡托投影，高纬度地区被放大了，与真实的地球有所不同。此外，测算平面上两点间的最短距离和球面上两点间的最短距离的方法是不一样的。

同学们，今天我们通过观察、对比和测量看到了地图和地球的区别。

回首过往，人类最初只能仰望天空幻想脚下大地的模样。随着科学技术的飞速发展，现在我们可以在400km的高空俯瞰地球，可以在月球上凝视地球，可以在奔向星辰大海的路上回望地球！每一次换个角度看地球总会有不一样的发现，让我们迸发出新的梦想，开启新的探索。

四、团队介绍

牛　勇：北京科学中心科技辅导员、馆员。

苗秀杰：北京科学中心科学教育部部长、研究馆员。

五、创新与思考

“小球大世界”属于投影播放类展品，缺少互动性。本次活动通过设计飞行航线图并在展品中展示的方式将学生与展品联系起来，利用展品的视觉冲击和活动中的认知冲突，激发学生的兴趣，拓宽思维。

项目单位：北京科学中心

文稿撰写人：牛　勇

附　大赛现场掠影

主题串联辅导

寻找未来的能量之源

一、主题选择

1959 年，弗兰克·赫伯特被邀请撰写一部报告文学，主题是用草来稳定沙丘的破坏性蔓延，以解决水土流失问题。在研究和走访后他发现，原来沙丘的扩张足以吞噬人类生存的城市、河流、高速公路。这种颠覆性的力量给予了他巨大灵感。他想要讲述一个发生在已被沙丘吞噬的星球上的故事。这便是科幻小说《沙丘》的原型。

科幻小说是用幻想的形式表现人类在未来世界的物质精神文化生活和科学技术远景。其内容交织着科学事实和预见、想象，是随着近代科学技术的蓬勃发展而产生的一种文学样式。当前，中国科幻小说正朝一个全新的、不可限量的方向发展，出现了大量科幻文学作家和具有潜力的科幻作品。

请选手结合以上材料自拟主题，选择展品进行串联辅导。

辅导主题：寻找未来的能量之源。

辅导对象：家庭团体。

串联展品：太阳能追踪器、绿色能源——氢能源、华龙 1 号、核连锁反应。

二、创作思路

科幻源于现实，也是现实的延伸和畅想。科幻小说《沙丘》背后映射的是对于现实环境和能源的思考。结合展品库将活动主题设计为绿色能源引领世界未来发展。

辅导过程采用 PBL 教学法，从问题、现象出发，通过假设和验证得出结论，形成探究闭环。让公众在了解绿色能源相关知识的同时，明白科技推动社会进步，提高公众的环境保护和可持续发展意识。

三、辅导稿件

（一）主题引入

科幻作品是现实世界的延伸，用科幻的外壳映射现实生活。特别是那些现在无法解决的问题，希望未来可以解决。与其寄希望于未来，不如好好地把握现在。

《沙丘》背后映射的是现实中全球气候变暖、温室效应加剧、极端天气频发、传统能源短缺的问题。这一切是如何造成的呢？没错，是化石能源的大量使用。

在过去的几百年里，化石能源让世界发生翻天覆地变化的同时，也让地球千疮百孔。今天我们在科技馆里一起探寻哪些绿色能源更加环保，更具有可持续性！

（二）展品串联

1. 太阳能追踪器

问题：太阳能作为绿色能源，为什么还暂时不能全面替代化石能源呢？

假设：太阳能发电不稳定。

探究：展品操作，记录分析数据，证明假设成立。

结论：太阳有无、阴天晴天、照射角度都会影响太阳能产电效率，发电不稳定。

引出下一个问题：有什么方法可以解决太阳能发电不稳定的问题？

引导公众从第二个展品寻找解决办法。

2. 绿色能源——氢能源

假设：用氢能源解决太阳能发电不稳定的问题。

探究：展品操作，观察，分析。

结论：太阳能充足的时候将水电解，获得氢气和氧气，并进行存储；太阳能不足的时候，可以将氢气和氧气通过燃料电池转化为电能。这个过程实现了能量储存和能量转化，是绿色循环。

辅导员提出新的问题，太阳能和氢能可以形成新能源组合，还有其他单一的可控新能源吗？引出下一组辅导展品。

3. 华龙 1 号、核连锁反应

假设：核能就是可控新能源。

探究：展品操作、动手活动。

结论：核裂变过程是中子撞击原子的同时产生质量更小的原子和更多的中子，再去撞击其他原子，撞击的过程中释放出巨大的热能。核电站的发电过程是利用可控核裂变释放的热能加热水，产生水蒸气驱动汽轮机转动，带动发电机发电。

四、团队介绍

牛　勇：北京科学中心科技辅导员、馆员。

苗秀杰：北京科学中心科学教育部部长、研究馆员。

五、创新与思考

主题串联辅导环节就像一道命题作文，考察科技辅导员知识储备、工作经验、语言表达、理解分析和临场应变等综合能力。科幻题材极具挑战，初看题目时倍感茫然。调整状态后，认真阅读，分析要点，厘清思路。虽然顺利完成比赛，但还有诸多遗憾，如展品串讲与主题的贴合度不够，科幻元素较少等。这场比赛，更像是对本人科普工作的一次检验，让我看到自身的不足和提升方向。也将激励我不断提高和完善自己，更好地开展科学教育工作。

项目单位：北京科学中心

文稿撰写人：牛　勇

附　大赛现场掠影

单件展品辅导

与闪电共舞

一、主题选择

法拉第笼的原理。

二、创作思路

对象：已具备一定电学知识的中学生。

兴趣激发点：设置悬念，抛出问题。

辅导亮点：亲身体验视觉、触觉、嗅觉的多感官感受，多次探究。

三、辅导稿件

车辆惨遭雷击，为何乘客安然无恙？街头魔术表演，魔术师竟然可以连续承受72小时电击却毫发无损？难道这世上真有神明相助？还是说这些现象的背后另有原因？

各位同学大家好，欢迎来到噼里啪啦实验室。我是呱呱老师。

其实啊，这些问题的答案，就藏在我身边的这个金属笼子——法拉第笼里边。想要知道真相，就得去里面和闪电共舞一次了。

哎？怎么了？怎么都面露难色？

哦？这位同学说，金属是导体，进去是会触电的。嗯，说的有道理。这位同学说，只要不去触摸金属笼子，就不会触电了。好像也对。那到底会发生什么呢？还是让我们亲身体验一下吧。

倒计时3、2、1，放电！

哇！太壮观了，闪电剧烈地击打在了笼子表面。大家仔细闻闻，还有一股淡淡的草腥味。哎呀！我不小心摸到笼子了啦！咦？奇怪，我怎么没事儿？难道说这个笼子使用的是绝缘金属？不得了，这可是世纪大发现啊。很可惜，并不是这样。

我们在书本中学过，巨大的金属导体当中，存在大量可以自由移动的电荷。电荷和磁铁有一点相似，有正电荷与负电荷之分。也遵守着同种电荷相互排斥、异种电荷相互吸引的性质。当特斯拉线圈开始放电时，这里聚集了大量的正电荷。笼子里的电荷为了尽可能接近或者远离它，统统来到了法拉第笼的外表面上。

说了半天，里面究竟发生了什么呢？由于电荷都跑到了外面，那么笼体内壁就没有电荷存在了。啊！有的同学已经说出来了，内表面等电位，任意两点的电势差为零，所以人在里面自然就不会触电了。汽车的金属外壳，魔术师的神秘道具，还有高压电防护服，用的都是这个原理。大家看，我们再一次用书本当中学到过的知识解释了生活中的神奇现象，其实科学就在我们身边，一点也不神秘。

小小笼子真神奇，外界电场能屏蔽。若是把手伸出去……噼里啪啦实验室，下期告诉你！

四、团队介绍

徐　磊：宁波科学探索中心运营管理中心总监。

胡　静：宁波科学探索中心展示管理部经理。

赵泽敏：宁波科学探索中心科普辅导员。

五、创新与思考

创作灵感来源：科普节目《走近科学》，同时结合新媒体类开篇设计形式。我认为辅导过程中的科学性、实用性和探究性非常重要。

项目单位：宁波科学探索中心

文稿撰写人：赵泽敏

二等奖获奖作品

2

主题串联辅导

关于一粒种子的探索

一、主题选择

2021 年 9 月 17 日，随着神舟十二号载人飞船返回舱在东风着陆场成功着陆，我国空间站阶段首次载人飞行任务取得圆满成功。与执行飞行任务的航天员一同返航的，还有来自寿仙谷的 LZ72、LZ30 号灵芝菌种和 Y2 号铁皮石斛等 5 株“航天菌种”。这是寿仙谷继 2003 年、2005 年、2012 年、2013 年、2016 年后，第六次尝试太空育种。

太空育种，也称空间诱变育种，就是将农作物种子送到太空，利用太空特殊的、地面无法模拟的环境（高真空、宇宙高能离子辐射、宇宙磁场、高洁净）的诱变作用，使种子产生变异，再返回地面进行选育成新品种。目前，这项技术已被证明是创制农作物新种质和培育新品种的有效技术途径。

结合以上材料选择展品进行串联辅导。

二、创作思路

初三这个年级的学生已经有了一定的生物学基础，但是对学科背后的故事及科学的思考方法还不是很了解，虽然有了一定的科学探究能力，但是将所需与实际相结合的能力还比较欠缺。

知识目标：DNA 结构特点，孟德尔的实验方法，空间站的特点。

能力目标：让学生了解如何用科学方法进行科学探究，从而培养学生的自主探究能力。

情感目标：让学生感受科学家的思考方法，感受从古至今，人类如何对生物科学进行坚持不懈的探索，感受伟大的科学精神。

从达尔文的进化论切入主题，看人类如何通过探究遗传物质 DNA 来开启对生命科学的探索；从 18 世纪孟德尔的豌豆实验，到中国空间站生物实验柜的科学实验，人类对一粒种子的探究史也是人类对生命科学的不断探索。

三、辅导稿件

同学们大家好，欢迎来到科技馆！首先，老师想问大家一个问题，你们知道生命是什么吗？有同学说，生命就是我家窗前的一盆绿植。也有同学说，生命就是心脏的跳动。

你们说得非常好，今天，我们就来探索“一粒种子的生命”，我们辅导的主题，就是关于种子生命的探索。同学们，刚才我们一直在问生命是什么，其实，在达尔文时期之前，人类就开始探索生命到底是什么了。现在我们知道，生命与遗传物质息息相关。遗传物质是什么？对，就是 DNA。大家看这件展品，生命的诞生 DNA，有很多同学会好奇，DNA 长什么样儿？我们来看看这件展品。是弯曲的形状，同学们观察得非常仔细，那为什么 DNA 的结构是弯曲的形状？大家想象我手里拿了一根弹簧，现在我把弹簧拉长又缩短，拉长又缩短，怎么样？是不是它的弹力很大，体积又很小？它同时可以记载更多的遗传信息，而且即使拉长了，它的结构也是向内扣的，这样会更加稳定。我们发现这 DNA 的结构是两条链互相盘旋的，没错，这就是双链的结构，对于遗传信息的稳定传递至关重要，只要一条链上的信息还在，就能配对合成。这和细胞通过分裂、增殖的行为是一致的。

接下来，看看这些小模块是怎么组合的？试着拼接一下？你们拼接成功了吗？这些模块太难拼接了，它们可不能随意组合。这些模块儿，代表的就是核苷酸，它们记载着遗传信息，它们是两两组合好的，不能乱搭配，搭配错了就会出现基因突变或者是遗传病。同学们，不光是我们生命，种子也有自己的DNA，那如果DNA的核苷酸发生了改变，也有优点，比如说，种子发生变异，我们也许就会获得优良的种子。

现在，时间来到了18世纪孟德尔时期，那个时候，人类就在探索，生命到底是什么？而孟德尔，他既是神职人员，也是园艺学家，他有一个梦想——培育优良的种子，可是在他培育优良种子的过程当中，却发现了促进人类发展的遗传定律。我们来感受一下科学家的伟大思想。首先，咱们来看看这件展品，这件展品叫作孟德尔的豌豆实验，大家看这展台上方。有一颗黄色豌豆和一颗绿色豌豆，请同学们按下按钮，怎么样？第二代产生的全都是绿色的豌豆，这就奇怪了，黄色豌豆哪里去了呢？我们再来看第三代，终于出现了黄豌豆。当时，孟德尔非常好奇，为什么会出现这样的现象？于是他提出了一个问题，为什么第二代全是同样的颜色，为什么第三代隐藏的颜色又出来了？孟德尔在草纸上进行理论实验，发现他的猜想是正确的，但是光是理论验证可不行，最后，他通过实验验证了他的第一个假设。在实验当中，孟德尔发现了遗传的定律，这在生物学中的地位就相当于我们罗盘在大航海中的地位。不过，当时他并不是想研究什么遗传定律，他仅仅想培育优良的种子。

时间来到了今天。同学们，你们有没有听说？神舟十二号载人飞船带来的太空种子，这也是我们国家重大的成果之一。在空间站还能培育种子？来，大家来看下一个展品——空间站综合，在这件展品当中，我将带领同学们到空间站去看一看，看看空间站，有哪些好玩的。这里是空间站。现在看到什么？老师，这里有一个望远镜，那你试试能看到什么？这里有很多的实验柜，这些实验柜，不仅可以培育种子，还可以培育蔬菜，还可以通过太空的微重力环境，做一些在地面上不能做的实验，比如说，一些金属，它在地面上由于氧化反应，阻止了金属之间直接接触和融合，但因为太空是微重力的环境，所以就能做成一个完美纯度的金属产品了。2021年，咱们的神舟十二号载人飞船带回的种子就是我们国家第六次太空培育的种子了，也是太空中的微重力与高辐射，使种子发生了变异。这优良的种子可以广泛地应用到农业，为我们的农业科技增光添彩。

同学们，从达尔文进化论到孟德尔的豌豆实验，再到如今的太空育种，是对种子的探索，也是对生命的探求。你们知道吗？科学技术向前进步，人类社会也会向前迈进一大步，让我们努力学好科学知识，为人类社会的发展添砖加瓦吧。今天的辅导就到这里，谢谢大家。

四、团队介绍

王　陆：辽宁省科学技术馆科技辅导员。

赵明波：辽宁省科学技术馆副馆长。

冯　琳：辽宁省科学技术馆科学教育部部长。

五、创新与思考

主题串联辅导需要对给定材料进行综合分析，在短时间选定辅导展品锁定辅导主题，这就要求选手需要对展品库中所有展品的原理及知识延伸拓展做到非常熟悉，并灵活应用；同时需要对科技发展历史及各个学科的脉络有清晰的认识，作为一位科普新人，我有很多业务知识需要储备，感谢大赛这个平台让我迅速提升了业务能力。在今后的工作和学习中，我要继续加大知识储备量，不断提升业务水平，为科普事业贡献一份力量。

项目单位：辽宁省科学技术馆

文稿撰写人：王　陆

主题串联辅导

碳路先锋　向绿而行

一、主题选择

气候变化是人类面临的全球性问题。随着各国二氧化碳的持续排放，温室气体猛增对生命系统形成威胁。在这一背景下，世界各国以全球协约的方式减排温室气体。2020 年 9 月，中国在联合国大会上向世界宣布了 2030 年前实现碳达峰、2060 年前实现碳中和的目标。2022 年 8 月，科技部、国家发展改革委、工业和信息化部等 9 部门印发《科技支撑碳达峰碳中和实施方案（2022— 2030 年）》，统筹提出支撑 2030 年前实现碳达峰目标的科技创新行动和保障举措，并为 2060 年前实现碳中和目标做好技术研发储备。“双碳”战略倡导绿色、环保、低碳的生活方式。加快降低碳排放步伐，有利于引导绿色技术创新，提高产业和经济的全球竞争力。中国持续推进产业结构和能源结构调整，大力发展可再生能源，在沙漠、戈壁、荒漠地区加快规划建设大型风电光伏基地项目，力求兼顾经济发展和绿色转型同步进行。这是一场广泛而深刻的经济社会变革，亦是事关中华民族永续发展和构建人类命运共同体的愿景。

结合以上材料选择展品进行串联辅导。

二、创作思路

辅导目标：希望观众通过本次辅导对电学发展的历史有基本的了解，同时认识到如何利用好科技这把双刃剑，让它真正成为地球和人类的福音。

辅导对象：家庭团体。

辅导思路：首先以一个俗语引入，拉近与观众距离，并引出今天的关键词：电。以电为线索，通过 3 件展品带领同学们了解电的前世今生。具体有以下 3 阶段：

第一阶段，利用任务导入的方式，请受众体验展品“发电机”，了解发电机是如何发电的，并指导学生通过理想模型法总结发电机的原理。认识到电给我们带来了便利。

第二阶段，通过角色扮演地球医生的方式，探究展品“地球发烧了”，寻找病因在哪里。

第三阶段，找到病因之后，就需要对症下药。我会以发电方式为例，带领学生体验展品“太阳能追踪器”，让学生认识到未来电学发展的趋势。

最后，结合 3 件展品中展示的电学发展历程和科学家精神，鼓励观众从自身做起，爱护地球家园，用科技助力双碳目标的达成。

三、辅导稿件

同学们大家好，欢迎来到科技馆参观。前一段时间，全国各地都发布了高温预警，大家感受到今年夏天的“热情”了吗？这位家长朋友说今年夏天热的连门都出不了。都说这炎炎夏日有三宝，空调、冰棍、无线网。小朋友们，这三宝都涉及一个共同的关键词，是什么呀？没错，电。你们知道电是从哪来的吗？非常棒，发电机。

在我们的旁边就有一台发电机。接下来，我们亲身来体验一次发电的过程。请这位比较强壮的大朋友，快速地转动手轮，其他小朋友注意观察灯泡的变化，准备好了吗？ 3、2、1，开始！“老师，灯泡亮起来了。”这说明有电了，还有没有其他发现？“转得越快，灯泡越亮。”说明转速越快，电流越大。好，停。同学们，为什么只需要快速摇动手柄，就能产生电呢？我们先来看看发电机的内部有哪些东西。有一个可以转动的线圈，还有两块磁铁，在磁铁的周围存在着磁场，就像这幅图，我们用密密麻麻的磁感应线来表示磁场。线圈在运动的时候像什么？“老师，像一把刀在切割这些磁感应线。”生动形象，所以正是闭合的线圈切割磁感应的运动，使得线圈里产生了电流，而且切割的速度越快，电流越大，所以只要不断地使这个线圈转动，就能产生源源不断的电力。

发电机的出现，让人类从此进入了电气时代。我们的生活越来越便捷，白天车水马龙，夜晚灯光璀璨，每个人都享受着科技带给我们的福利，但是有一位却有点受不了了，就是我们的地球母亲，她发烧了，生病了，身边的展品会告诉我们地球的病因在哪里。请小朋友们分别推动展台上的这些推杆，我们一起来帮地球找找病因。

小朋友们，你们找到了吗？有汽车尾气，产生了大量的废气，污染空气；有工厂产生的废水，污染湖泊和海洋；还有森林砍伐，破坏植被造成水土流失等。这一切都告诉我们，科技的飞速发展虽然大大提高了人类的生活质量，但是却给地球造成了巨大灾难，作为地球小医生，知道了病因，就要对症下药，可是我们要怎么做才能给地球母亲治病呢？不发电？不开车？不生产？当然不是，我们应该进一步提高我们的技术，用更先进的科技来降低对环境的影响。

大家注意到展台后方的大烟囱了吗？“这是火力发电的冷却塔。”这位家长朋友一眼就认出来了。我来考考小朋友们，你们知道火力发电的燃料是什么吗？没错，主要是煤炭。然而这种能源在短期内是不可再生的，开采得越多，存量就会越少，而且还会使温室气体增加，影响全球气候。那有没有一种能源既能清洁发电，又可以取之不尽用之不竭呢？相信看了第三件展品，你们就会得出答案。

这是太阳能追踪器。中间的板子是太阳能板，可以将光能转化为电能，我们把板子上方可以移动的光源看作是太阳，按动启动按钮，将太阳对准板子就有电产生啦。这就是光伏发电，为了提高发电效率，科学家们还将部分太阳能板设计成可以像向日葵一样，追随太阳光照，这样就能获得更多的电能。那除了光伏发电，你们还知道有哪些发电方式吗？“老师我知道，还有风力发电、水力发电、氢能发电、核能发电。”看来，小朋友们知道的还不少。相信在未来，我们的科学家们一定会发现更多节能清洁环保的绿色发电方式。

科技进步带来的各种发现和发明使人类逐渐强大起来，把我们从茹毛饮血的蒙昧时代带到了今天的现代社会，但是科技这把武器的滥用也会给环境和其他生物带来灾难，甚至有可能给人类、给地球带来灭顶之灾。“绿水青山，就是金山银山”，让我们一起在新时代的召唤下，争做碳路先锋，向绿而行！

四、团队介绍

河南省信阳市固始县科技馆历来注重团队建设，近年来锻造了一支专业基础扎实、有创新实践能力的活动开发队伍。团队重视基于展品的教育活动的开发实施，充分发挥固始科技馆的科学教育功能。团队在长期的活动开发与实施过程中，不断夯实基础、以赛促学，经过多年学习和锻炼，团队的开发实施水平和能力也在不断提高。

五、创新与思考

第一次参加全国科技馆科普辅导员大赛，最大的感受在于学习与收获。大赛为我们创造了非常好的交流学习平台，让我在参赛之余获得了学习和提升的机会，了解了做一名合格的科普辅导员所需要的素质与技能，认识到自己还有很大的成长空间。我在本次比赛中的情绪表达、表现形式、主题思考等方面较为不足，仍需改进与提升。

项目单位：固始县科学技术馆

文稿撰写人：张　杰

单件展品辅导

谁最后停下来

一、主题选择

展品可操作性较高，观众可以通过观察、对比实验现象得出直观结论。

二、创作思路

辅导对象：初中二年级学生。

辅导思路：将展品拟人化，用“比赛”的形式开场，吸引观众兴趣，通过对比实验，一步一步地引导观众分析展品原理。

三、辅导稿件

大家好，今天我们来观看一场旋转大赛，看谁最后停下来。先来介绍一下 3 位选手，它们迎风截面面积相同，但形状不同，分别是圆柱体、球体和水滴体。按下按钮，比赛开始啦，只见它们齐头并进互不相让，渐渐地圆柱体体力不支停了下来，紧接着球体也停下来了，水滴体选手坚持到最后赢得了胜利，同学们，它们的初始速度相同，但为什么没有同时停下来呢？

牛顿第二定律告诉我们，力是改变物体运动状态的原因。它们会停下来是因为什么？空气阻力。3 位选手停下的先后不同说明它们受到的空气阻力大小不同，那是什么影响了空气阻力大小呢？没错，物体的形状。

首先来看圆柱体，当气流吹向它，由于圆柱体的迎风面会把气流直直挡住，所以空气阻力较大。那球体的迎风面是一个球面，空气是怎样流动的呢？做个试验，把汤勺的背面轻轻地靠近垂直的水流，大家看到了什么？水流改变方向沿着汤勺的背面流下。这其实是康达效应，流体会改变本来的流动方向，沿着凸出的物体表面流动。所以，当气流吹向球体，部分气流沿着球体表面平滑地流过，所以球面受到的空气阻力比较小，但为什么球体不是最后赢家呢？

别着急，我们继续探究。大家应该都有这样的生活经验，汽车飞驰而过，后方卷起尘土。当物体快速向前移动，这一瞬间，会在物体后方形成类似真空区域，周围的空气会快速流过来进行填补，根据伯努利原理、气体流速快，压强小，快速流动的空气在物体后方形成低压区，低压区的空气对物体尾部有压力。当物体的前方压力大于后方时，会出现压差阻力。

同学们思考一下，还有什么办法能让阻力更小呢？没错，可以把这里填上，在后半部分加上一个细长的圆锥体，它的尾部几乎把低压区填满了，所以压差阻力更小。

水滴体的表面是流线型的，流线型能减少物体在高速运动时的空气阻力，所以有广泛的应用，例如，汽车、飞机、动车组。我国具有完全自主知识产权的“复兴”号动车组，最高时速达 400km。巧用小形状，解决大问题，希望同学们回去之后继续用探究的方法，发现更多物体的奥秘。

四、团队介绍

王倩倩：上海科技馆展教中心科学老师，主要从事公众科普活动的策划与实施。

余晨婧：上海科技馆展教中心讲解员，主要负责全程讲解、区域讲解、科学列车等展厅教育活动的实施与策划。

五、创新与思考

打破传统的科技馆辅导方式，融合多种形式辅导技巧，兼顾趣味性与科学性，使每一次科技辅导都能教学相长。

项目单位：上海科技馆

文稿撰写人：王倩倩　余晨婧

主题串联辅导

科学助力碳达峰碳中和

一、主题选择

气候变化是人类面临的全球性问题。随着各国二氧化碳的持续排放，温室气体猛增对生命系统形成威胁。在这一背景下，世界各国以全球协约的方式减排温室气体。2020 年 9 月，中国在联合国大会上向世界宣布了 2030 年前实现碳达峰、2060 年前实现碳中和的目标。2022 年 8 月，科技部、国家发展改革委、工业和信息化部等 9 部门印发《科技支撑碳达峰碳中和实施方案（2022—2030 年）》，统筹提出支撑 2030 年前实现碳达峰目标的科技创新行动和保障举措，并为 2060 年前实现碳中和目标做好技术研发储备。

“双碳”战略倡导绿色、环保、低碳的生活方式。加快降低碳排放步伐，有利于引导绿色技术创新，提高产业和经济的全球竞争力。中国持续推进产业结构和能源结构调整，大力发展可再生能源，在沙漠、戈壁、荒漠地区加快规划建设大型风电光伏基地项目，力求兼顾经济发展和绿色转型同步进行。这是一场广泛而深刻的经济社会变革，亦是事关中华民族永续发展和构建人类命运共同体的愿景。

结合以上材料选择展品进行串联辅导。

二、创作思路

根据主题：碳达峰、碳中和，我选择了 3 件展品：太阳能追踪器、绿色能源——氢能源、核连锁反应。展品原理具有一定关联性，在实现碳达峰和碳中和目标方面呈递进关系。我将整个辅导过程分成 4 个阶段。第一阶段，我将抛出一个问题来切入主题，激发观众兴趣，并引导观众进行思考。第二阶段，将展品中蕴含的科学原理与操作过程进行分解，针对分解后的各种现象和知识点创设多感官体验的学习情境，设置探究式学习环节。第三阶段，在体验的过程中，加入科学实验、科普游戏等多元化的体验方式让同学们在这个轻松有趣的氛围当中获得相应知识点，从而更好地达到直接经验与间接经验相结合的认知结果。第四阶段，设置拓展延伸，让同学们通过今天的学习收获继续开展科学探索。创新点：开展一场分解—体验—认知相融合的探究式展品辅导，充分发挥多感官体验学习，真正实现“做中学”。

三、辅导稿件

同学们想去火星吗？近几年，人类对移民火星的兴趣高涨，甚至都准备开始售卖去往火星的票了。但是为什么要移民火星呢？对未知世界的好奇？还有一个非常重要的原因，就是有科学家推测，由于温室效应，未来的地球将不再适宜人类居住，恶劣的环境使得地球不堪重负。当然啦，要移民火星还是非常遥远的事情。我们在仰望星空的同时，还要脚踏实地，从实际出发来解决问题，我们还可以从根本上减少二氧化碳的产生，那就是利用新能源。

今天，我们就利用展厅里面的展品来了解一下人类在这个方面所做出的努力。第一种新能源就是太阳能，太阳能可谓是取之不尽、用之不竭，我们知道太阳可以给我们提供光和热，除此之外还有什么作用呢？提供电。大家来看太阳能追踪器，它有 3 种光照模式并且能改变光照方向，展台上有一块太阳能板，还有一个显示电能的仪表，我们看到现在仪表显示为 0。下面来做一组对比实验，请大家分别按下启动按钮，尝试不同角度的 3 种光照模式，看看哪一种光照模式在什么角度下的发电能力最强？通过实验结果会发现，晴天模式光照强度大且正对太阳能板照射时，发电能力最强。因此在实际应用过程中部分太阳能板会设计成能够像向日葵一样跟随太阳进行运动，从而获得更多电能。

今年上半年全国光伏发电量达1500多亿千瓦时，相当于少建了1000个煤电厂，大家可以想想会减少多少二氧化碳的排放。近年来，中国形成了完善的光伏产业，基本满足全球供应链。光伏发电同时还可以促进第二种能源的发展，那是什么呢？

没错，就是绿色能源——氢能源。我们先来按第一个按钮，光线照到前方的光伏板上产生电能，通过电解水的方式就可以制取氢气和氧气了；接着氢气和氧气就会沿着输送管道，净化后送至火箭发射的燃料区；我们再按下“点火”按钮，火箭发射上升啦！氢能有什么好处？氢可以从海水中获得，也可以说是取之不尽用之不竭，另外大家看看这个氢啊，它的热值很高，燃烧同等质量的氢释放的能量，相当于是汽油的3倍，焦炭的4.5倍，同时啊，咱们这个氢燃烧之后，所产生的产物是水，相当环保了对不对？另外氢的同位素氘和氚还可以促进第三种新能源的发展，那就是核能。

核能是怎么产生的呢？通过第三件展品——核连锁反应来了解一下。请一位同学将乒乓球放入开口，其他同学观察会发生什么现象。可以看到乒乓球放入后，玻璃柜里面沸腾了。这个过程模拟的是核裂变过程。核裂变是一个原子核分裂成几个原子核的变化过程，只有一些质量非常大的原子核才能发生核裂变。如：铀235，在核裂变过程中，中子撞击原子同时产生质量更小的原子以及更多的中子，一个反应引发了另外一个反应以及更多个反应，规模不断地扩大，从而产生巨大的能量。例如1克铀235完全发生核裂变所产生的能量相当于燃烧2500吨煤所产生的能量，由此可见能量也是巨大的。不过说到这里，我们就不得不来说一下核能的发展同时还带来了另外一个隐患，那就是核污染。先撇开核污染不说，我们人类认识到核污染，其实已经是一个很大的进步了。因为现在人们已经开始在用全面的眼光看待我们科学的发展了。

随着科学技术的发展，人们在征服自然、改造自然的同时，忘记了人类是从属于大自然的，人们对于科学技术的滥用、误用造成了地球环境的破坏。但是现在我们已经意识到问题，意识到必须要想尽办法减少二氧化碳的排放，并回收利用二氧化碳，这是对之前犯下的错误进行修正。同学们，想要移民火星还是一个非常遥远的梦，与其寄希望去远方，不如将目光放回眼前，利用科学的方式来解决眼前的问题才是最好的办法。我相信咱们地球始终是会对尊重他的人好，始终会对爱他的人好，所以，如何利用科学的方法来改善我们地球的环境，改变我们的生活方式，这个就是我们要去思考的问题了。至于未来我们的科学应该以怎样的方式来前进？未来科学会给我们的环境带来多少改变？这个就要交给同学们去探索了，因为科学发展的主力军是你们，未来的发展就要靠你们了。

四、团队介绍

王倩倩：上海科技馆展教中心科学老师，主要从事科学课程研发与实施。

杨　波：上海科技馆展教中心科学老师，高级工程师，主要从事各类教育活动研发、观众研究和志愿者管理等工作。

五、创新与思考

平时注重对于科技热点问题的思考，善于发现科技事件背后的科学原理、科学精神、科学态度等，充分利用以赛促学的机会，为今后的工作打下更好的基础。

项目单位：上海科技馆

文稿撰写人：王倩倩

单件展品辅导

正交十字磨

一、主题选择

数学展区的展品原理生动有趣，展品互动性强，像“正交十字磨”利用了推动十字磨的旋杆做360度的旋动，两个滑块沿圆盘上十字槽直线往复运动，供观众观察旋杆端点的轨迹，引发数学思考。

二、创作思路

辅导目标：希望学生能通过操作正交十字磨的方式更好地认识椭圆，并进行数学知识延伸。

辅导对象：小学生。

辅导思路：从椭圆的概念出发，先利用概念巧妙地画出椭圆。然后操作展品，通过观察旋杆移动轨迹，认识焦点、焦距、长半轴、短半轴。最后进行数学知识延伸与思考，呼吁同学们投身数学研究，培养爱科学、讲科学的兴趣。

三、辅导稿件

每天4分钟，科学我最懂！欢迎各位同学来到数学大世界，老师来考考你们，怎么用一根线绳、一支铅笔和两枚图钉画出椭圆呢？看来这个问题难住大家了，同学们先别着急回答我，我们先从什么是椭圆出发。“老师，这个我知道，椭圆就是平面上到两个固定点的距离之和是常数的点的轨迹。”这位女同学回答得真棒，不过老师补充一点，常数要大于两个固定点之间的距离，两个固定点叫作椭圆的焦点。那我们就利用概念来画出它吧。首先我们用图钉固定两个点，然后用绳子围绕图钉和笔，绷紧后形成三角形，再用笔画一周，椭圆就形成了。除了这个，老师再给你们推荐一种古老的绘制椭圆的简易工具，只要移动滑杆上面的手柄转动 360 度，便可画出椭圆。它的名字叫“正交十字磨”。

从外观上看，它是不是有点像以前老房子里磨豆浆的石磨呢？哪位同学愿意先来体验？举个手。好的，这位穿黑色 T 恤的男生，你来！对，慢慢推动手柄并随之移动，大家看，他手柄的路径是不是就是椭圆了？我们仔细观察，随着手柄的运动，轨道中的两个滑块 A 和 B 也在移动，而轨道又限制着滑块的运动。如果以展台的中心 O 为坐标点建立直角坐标系，其中一个滑块沿 X 轴进行直线往复运动，另一个滑块呢？对了，沿 Y 轴进行直线往复运动。两条运动轴形成的 4 个角都为 90 度，也就是正交的，这也是“正交十字磨”名称的由来。好的，这位同学，感谢你的配合。通过图示，设定椭圆的长半轴为 a，短半轴为 b，焦距为 $2c$，只要知道 a、b、c 中的两个变量，我们就能知道椭圆的大小和形状了。椭圆还有个神奇的地方，从一个焦点发出的射线经过边缘的反射，都会回到另一个焦点上。同学们，在古希腊有这么一个音乐厅，最贵的听众位置不是在第一排哦。由于它的造型是椭圆形的，所以最佳位置在焦点上。

说到椭圆，其实在浩瀚无垠的宇宙中也有它的踪迹，17 世纪初开普勒提出了第一定律，他认为所有行星绕太阳运动的轨道都是椭圆，而太阳则处于所有椭圆的一个焦点上。这个理论纠正了当时大家以为天体运动轨迹是圆形的观念，是天文学的重大突破。直到今天，天文学家们依旧会情不自禁地产生对宇宙的遐想，感受到智慧的挑战。数学妙用无穷无尽，所以我们一定要学好数学知识并应用好它，老师相信，同学们都会是出彩的科学家！

四、团队介绍

詹含秀：台州市科技馆展厅辅导员。

俞春艳：台州市科技馆副馆长。

李敬鹏：台州市科技馆展教部部长。

五、创新与思考

体会与经验：参赛选手是第一次参赛，之前没有科普大赛的经验。经过本届东南赛区的选拔和全国总决赛的锻炼，选手和培训团队都感受到了比赛的激烈与紧张。以赛代练、以赛代训，台州市科技馆的科普辅导能力也有较大提升。

不足和思考：由于比赛经验不足，选手的稿件在设计上未充分将白板的作用发挥出来，在科学原理上未挖深挖透。选手略紧张，现场出现了动作失误、口误等情况。希望以后平时在展厅多练、多讲，积极参加各类演讲、辅导比赛，积累经验。

项目单位：台州市科技馆

文稿撰写人：詹含秀

主题串联辅导

想象照进现实

一、主题选择

1959 年，弗兰克·赫伯特被邀请撰写一部报告文学，主题是用草来稳定沙丘的破坏性蔓延，以解决水土流失问题。在研究和走访后他发现，原来沙丘的扩张足以吞噬人类生存的城市、河流、高速公路。这种颠覆性的力量给予了他巨大灵感。他想要讲述一个发生在已被沙丘吞噬的星球上的故事。这便是科幻小说《沙丘》的原型。

科幻小说是用幻想的形式表现人类在未来世界的物质精神文化生活和科学技术远景。其内容交织着科学事实和预见、想象，是随着近代科学技术的蓬勃发展而产生的一种文学样式。当前，中国科幻小说正朝一个全新的、不可限量的方向发展，出现了大量科幻文学作家和具有潜力的科幻作品。

结合以上材料选择展品进行串联辅导。

二、创作思路

辅导目标：了解火箭推进的基本原理、宇宙运行的一些基本规律；基于项目式的体验，让观众感受技术工程师、科学家们的思想之旅；了解到想象力与科技的关系。

辅导对象：家庭团队，此类受众包含成人与儿童，来到科技馆的目的一是休闲娱乐，度过有意义的亲子时光，二是增长科学见识，接受科学启发。所以我本次的辅导内容将娱乐与科学启发相结合，同时，将复杂的知识和原理进行了转化，照顾到了小朋友的理解能力。

辅导思路等内容描述：采用问题驱动的辅导模式，首先由小说《天堂之泉》中提到的科幻概念抛出一个问题："太空电梯"到底可不可行，并依托 3 件展品：多级火箭、离心力和万有引力，引导大家通过观察、体验、分析、实验验证等方式，来探究太空电梯现实层面的意义和可操作性。

三、辅导稿件

欢迎大家来到科技馆"想象照进现实"系列活动。大家知道吗？在 20 世纪的 70 年代，有一部科幻小说，里面构建了一个非常新的概念，叫作"太空电梯"。里面讲到如果我们在地球上架起一座高高的电梯，直通太空，那么人类是不是就可以乘坐电梯观光、运送物资了呢？怎么样，大家觉得这个想法是不是很酷啊？那么今天，我们要基于这个项目来探究，去分析一下这个项目到底可不可行。首先咱们得先从现实层面来看，太空电梯到底有没有意义，那么我们就先来对比分析一下现在的太空运载工具——火箭。

这件展品叫"多级火箭"，我们来到科技馆参观、了解一件展品，首先得先观察，请小同学你来看一下这两个火箭有什么区别？"老师，我觉得一个是单个儿的，一个是一节一节的。"非常好，那请你按下按钮，大家来观察一下，看到什么了？"老师，这个单级的火箭没有多级的跑得远，而且多级火箭在上升的过程中不停地在掉落东西。"非常好，大家思考一下，它掉落的是什么东西？我们先不着急给出答案，咱们通过下面的实验来找找答案。大家看这有一个滑板车，还有一个沙袋。好，我们就请这位爸爸蹲在这个滑板车上，给你这个沙袋，思考一下，在不借助其他外力的情况下，怎么让滑板车往前走？我们看到了这位爸爸非常聪明，他使劲地抛出沙袋，滑板车向前走了一小步。好，那接下来难度升级，我们有距离的要求了，需要你从这儿，走到这儿。

唉，挑战失败，请小同学们想想，怎么解决呢？“老师，你给我爸多点儿沙袋不就行了？！”非常好，那我们再来验证一下。果然，这位大朋友顺利到达了终点。好，那我们再回到展品中分析一下，多级火箭抛下去的实际上就是火箭的“沙袋”。多级火箭，可以理解为是一级一级的火箭相互接力，且每一级都有发动机和燃料，它每消耗完一级就会往下抛，从而以这种接力的形式，让火箭续航，从而飞得更远。但多级火箭也有问题，它的花费巨大。我们知道，火箭大部分是不可回收利用的，而且造火箭的花费跟它的重量有直接关系。有人计算过，火箭重量每增加 1 千克就会多花费约 2 万美元，可想而知，多级火箭是非常消耗人力、物力、金钱的。那我们再回到今天的项目上，咱们这个太空电梯，首先它是可循环利用的，而且可能造成后，只需要维修费用就可以了，所以从现实来说，太空电梯更加实惠。

好了，那么接下来我们再探究一下物理层面的可行性。首先我们来看今天的第二件展品。这有两个透明塑料管，形成了一个 V 型，里面的透明液体叫硅油，中间还有两个小球，请这位家长根据重力和浮力之间的关系，来分析一下，哪个小球更重？“老师我觉得当然是沉下去的这个小球。”很好，那请这位同学来启动转盘，看看发生了什么。“老师，这个沉的小球怎么往上跑了？”这是因为受到了离心力的作用，有点抽象是不是？没关系，咱们再根据下面这个实验来感受一下，大家看这有一根结实的绳子，底下拴了一个小砝码，那这位同学注意安全，把它转起来，有什么感觉？“我觉得绳子好像在往外拉。”恭喜你呀，捕捉到了离心力：旋转的物体有偏离旋转中心这样的趋势，这个受到的力就叫作离心力。好，接下来我们再换一个更重的砝码，以同样的速度再转起来，感受到什么了呢？“老师，我觉得这个向外拉的力劲更大了！”没错，所以离心力跟质量有关，质量越大，离心力也越大。现在谁能解释一下，为什么展品旋转起来后，沉的小球往上跑了？“就像老师你刚才说的，因为沉的小球离心力更大，所以往上跑了。”很好，那我们再回到我们的项目中，地球也是旋转的，那我们太空电梯就会跟着一起旋转。“老师那太空电梯转起来，不会被离心力甩飞吗？”你这个问题很好，但我们想想人也是站在地球上，为啥不会被甩飞呢？有的人说了，这是因为万有引力，那今天就用这件展品一探究竟。

大家看，这是一个漏斗型的台面，请同学们释放一个小钢球，看到什么了？“老师，这个小钢球围绕着这个圆台旋转了起来。”恭喜你发现了宇宙天体的运行规律之一。

这个漏斗中心相当于一个大质量的天体，那这个小钢球相当于小天体，比如说地球围绕太阳转。牛顿认为，这是因为二者之间存在万有引力，万有引力又跟什么有关呢？我们来做个实验。这有一块大的弹力布，4 个人在 4 个角拉住，中间放一个大铅球之后，再放一个乒乓球，看到乒乓球围绕着中间旋转了起来。好，接下来我们重新开始，先放一颗小乒乓球，再放一个乒乓球，这次两个球没有靠近，没错，所以我们得出万有引力跟质量有关的结论，质量越大越容易吸引质量较小的天体，牛顿就是通过不断的观测、实验、对比、分析，最后总结出万事万物都有相互吸引的力。

接下来我们再回到项目中，项目中的大质量物体是地球，小质量物体是太空电梯，所以地球会拉住太空电梯，使其不被甩飞。只要离心力和万有引力二者平衡，太空电梯就能立在太空，但是这对材料要求非常高，在现实中，科学家们已经在研究这种抗拉伸度很强的材料，并且太空电梯这个项目也真的在研究中了，也许过不了多久啊，梦想就能照进现实。

今天非常荣幸能带大家一起了解这 3 件展品，感受一次技术工程师的思想之旅。此外大家是不是也感受到了想象力的巨大作用，它推动了科技的发展、创新，同时科技反过来也可以把想象照进现实。我国著名的科幻作家刘慈欣说过“想象力是人类拥有的，似乎只属于神的能力”，希望大家带着一份好奇心与想象力，继续去见证科技的发展吧！

四、团队介绍

王小瑜：辽宁省科学技术馆科技辅导员。

刘晓峰：辽宁省科学技术馆馆长。

刘　丹：辽宁省科学技术馆科学教育部负责人。

五、创新与思考

通过此次大赛，我感受到展品辅导项目对科技辅导员综合素质提出了很高的要求，作为第一次参与展品辅导项目的新人，这不仅是一次自我检验的比赛，更是一个与优秀同行博采众长的学习平台，我在这个平台意识到，一个优秀的科技辅导员应该有宽广的知识储备、需要具备强大的抗压、临场发挥能力，同时也要兼备教育思路与表达能力，这些素质的锻炼，是长期经验的积累，而非只因比赛速成。

同时回顾自己两个环节的稿件，意识到在知识原理层面，自己把重点放在了“简单转化与调动观众兴趣”上，在知识原理层面欠缺深度，少了一些严谨。在展品串联环节中，内容结构的安排还可以再合理些，我将重点放在了展品解析中，给主题阐释与观点表达分配的时间比较少，导致最后没有将自己的观点呈现得十分鲜明，与主题的呼应不是很明显。但此次比赛收获大于遗憾，我将带着这些思考与成长回归日常，以此来更好地指导我在一线的科普工作，一步步向成为更优秀的科普工作者的目标迈进，为这份有意义的事业贡献自己的力量。

项目单位：辽宁省科学技术馆

文稿撰写人：王小瑜

单件展品辅导

拉　　链

一、主题选择

拉链是生活中常见的用具。它的结构非常简单，却能帮助我们方便快捷地完成密封操作。通过对拉链形状和结构的探索，可以帮助低龄儿童了解科学探究方法和思路，培养探究的习惯。

二、创作思路

从拉链结构稳固的特点出发，先探索拉链的形状特点，让低龄儿童理解拉链的工作原理。再引入另一种形状的拉链进行对比实验，认识到拉链除了结构稳固外，还需要方便滑动等。最后让低龄儿童自主观察和动手实验，找出身边更多的拉链。

三、辅导稿件

铁轨整齐共两根，两根铁轨一样长。只见一辆小车过，两根铁轨变一行。同学们，你们知道刚刚的谜语说的是什么吗？没错，答案就是它——无处不在的拉链。拉链可是个大力士。不信？来，抓住两边的布，用力向外拉，看看能不能把拉链拉开呢？怎么样？失败了吧。没关系，今天，我们就一起来探索，小拉链如何有大力气。

先要请同学们仔细观察，这条拉链的哪个部分连在一起了呢？老师我知道，是这些小牙齿连在一起了。没错，大家看，这些小牙齿叫作链牙，当我们拉上拉链时，链牙就会在拉头的帮助下互相咬合。可是，链牙为什么可以连接得这么紧密，让我们拉都拉不开呢？奥秘就在它的形状上！大家看，这些链牙凸出的部分是什么形状呢？椭圆形，因此这种拉链也被称为圆型拉链。大家注意到了吗？这两个链牙之间的空隙也是一个凸出的椭圆形，所以，当拉链拉上时，每一个链牙都可以塞进对面的空隙里，无缝拼接。而当我们向两边拉动它时，椭圆形的两端相互勾连，就可以抵抗拉力不分开了。看来呀，这种特殊的形状，就是小拉链有大力气的秘诀了。

不过，这圆型拉链就是力气最大的吗？大家看，这是世界上最早的拉链，由美国工程师贾德森从小狗的牙齿中得到灵感而发明的，因此它也被称为犬牙型拉链。它的左边有牙齿形状的钩子，可以勾住右边的钩环，非常牢固。那大家猜猜看，这两种拉链哪一个力气更大呢？口说无凭，咱们还得做实验。

现在我邀请两组同学上来，你们组负责拉动圆型拉链，你们组负责拉动犬牙型拉链，3、2、1，开始！大家看，圆型拉链先被拉开了！那你们说，是哪一组拉链更牢固呢？犬牙型。那我们为什么不使用犬牙型拉链呢？换个角度想一想，你们就明白了。你们看，这拉链不只要拉上，还得向下拉开呀。这犬牙型虽然结构更牢固，但是它的形状并不对称，所以在向下拉动时很容易卡住，而且它的钩子和钩环很容易松动，一不小心就会分开，一点儿都不实用，所以它很快就被淘汰了。那圆型拉链呢？大家看，它上下如风来去自如，我们当然选择使用它啦。其实，拉链从诞生至今，还有过很多形状，比如Y型、玉米型、汤匙型等，你们看看自己的书包和衣服上，还有哪些类型的拉链？这些拉链又有怎样的优缺点呢？这个问题就留给大家在生活中去探索啦。

小拉链，大玄机，不同形状比一比。椭圆形，最给力，无缝拼接抗拉力。让我们从拉链开始，拉开探索世界的大门吧！

四、团队介绍

吴成涛：广东科学中心科普教育部展教高级主管，对展品的主题选择、创作思路等统筹管理。

关婉君：广东科学中心科普教育部展教主管。

符永浩：广东科学中心展教辅导员。

罗广仪：广东科学中心展教辅导员。

五、创新与思考

在白板使用和道具制作方面可以加强。将实验在现场进行呈现，效果更佳。

项目单位：广东科学中心

文稿撰写人：符永浩

主题串联辅导

地球流浪记

一、主题选择

1959年，弗兰克·赫伯特被邀请撰写一部报告文学，用草来稳定沙丘的破坏性蔓延，以解决水土流失问题。在研究和走访后发现，原来沙丘的扩张足以吞噬人类生存的城市、河流、高速公路。这种颠覆性的力量给予了他巨大灵感。他想要讲述一个发生在已被沙丘吞噬的星球上的故事。这便是科幻小说《沙丘》的原型。

科幻小说是用幻想的形式表现人类在未来世界的物质精神文化生活和科学技术远景。其内容交织着科学事实和预见、想象，是随着近代科学技术的蓬勃发展而产生的一种文学样式。当前，中国科幻小说正朝一个全新的、不可限量的方向发展，出现了大量科幻文学作家和具有潜力的科幻作品。

结合以上材料选择展品进行串联辅导。

二、创作思路

中国科幻小说在近些年频频被搬上大银幕，其中《流浪地球》最为观众熟知。因此，我将整个探究活动设计为一场角色扮演式的舞台剧，以《流浪地球》的故事为框架，结合展品来开展一场别开生面的活动。

在流浪地球中，太阳熄灭、地球逃离、冲向木星是三场重头戏，因此，我分别选择了万有引力、多级火箭和探测外太空之路来展示其中的科学原理。万有引力展示了太阳熄灭会造成什么后果；多级火箭展示了人类带领地球逃离的希望；探测外太空之路则还原了影片中利用木星给地球加速的场景。最后告诉观众，其实科幻小说中的许多原理和现象都来自生活。通过一整套的全程讲解与探索，让大家学会观察生活，同时播下科学的种子。

三、辅导稿件

科普大舞台，有梦您就来！欢迎大家参加今天的科普大舞台系列剧之地球流浪记，今天我们将会共同经历一个科幻故事，像往常一样，您在故事当中需要扮演主人公，完成故事当中遇到的困难和挑战。当然了，在故事当中，您也可以体验我们的展品学习到很多的科学知识，准备好了吗？非常好，接下来，故事开始了。

时间来到 2058 年，世界各国的科学家在观察太阳的时候，都发现，太阳内部的核聚变正在不断加速，太阳变得越来越冷，质量变得越来越大。今天，我们来到了世界各国科学家的会议现场，大家要一起来讨论一下，太阳的变化会给我们带来什么样的问题呢？大家可以看到，目前我们太阳的质量变得越来越大了，那么它对我们的地球会造成什么样的影响呢？现场的科学家们，你们有没有什么看法？我听到这位小科学家说，他说太阳变大，就会离我们越近，那我们是不是就会撞上太阳呢？这个问题提得非常好，大家看，在我身后就有这样一个展品，我们可以看到，在这个展品内部，它是一个向内弯曲的洞，这是什么东西呢？我们请这位科学家向右掰动手柄，大家看，这时一个小球弹出来了，这个小球代表的就是我们的地球，我们看到，这个小球沿着曲面不停地进行旋转，最终掉到了黑洞里面。这个展品向我们展示的是万有引力的原理，万有引力是牛顿发现的一条原理，它的大意是，任何物体之间都会相互吸引。可是这位小科学家问了，为什么我觉得我和旁边的人没有互相吸引呢？那是因为，万有引力是和物体的质量成正比的，物体的质量越大，引力就越强。这位小科学家，你可以试试站在原地往上跳。怎么样？你没有跳到太空当中，而是被地球给吸回来了，这就是地球的引力在对你造成作用。回到我们刚刚发现的问题上，太阳变得越来越大，它的引力就会越来越强，那我们地球就会被吸到太阳当中，就会坠毁了。这可怎么办呢？各位小科学家，我们来想一想，这个问题有没有解决办法呢？

我听到这边的科学家说，那让我们的地球离开太阳，甚至离开太阳系，可以吗？这真是一个好想法，可是地球太大了，那只让我们人类离开可不可以呢？其实我们人类早就已经开发出了去到外太空的交通工具，它的名字叫什么？火箭。看来啊，我们可以利用火箭，来逃离地球了。现在我们来看看，目前我们所拥有的火箭吧。大家看，这个展品向我们展示了人类现在拥有的两种火箭，来，我们请这位科学家按下按钮。大家可以看到，两只火箭模型同时上升，左边的火箭在上升的过程当中始终保持完整的个体，而右边的火箭在上升的过程中不断分离，最终只剩下头部的一点点，来到了最高处。其实这两种火箭分别叫作单级火箭和多级火箭，顾名思义，单级火箭只有一个发动机，它会以完整的躯体去完成它的任务。而多级火箭则是分成了两级到四级，每一级都埋有一个发动机，每一次只有一级的发动机会工作，当这一级发动机的燃料耗尽时，这一级就会脱落，随后第二级开始点燃，借此不断地向上升。

这两种火箭对比起来，分别有什么样的优势呢？我们先来看看单级火箭，单级火箭的优势在于，在它上升过程当中，火箭可以保持完整。假如要让它来带领我们人类逃离的话，就可以装载更多的人去远方了。而多级火箭在上升的过程当中，就需要将自身的重量减轻，所以它可以去到更远的地方。那我们该选择哪种火箭呢？单级还是多级？大家不要忘了，我们的目的地是在 4.6 光年之外的半人马阿尔法星座比邻星，要跑 4.6 光年那么远，我们选择单级火箭，燃料不够。可是选择多级火箭呢？又不能装太多人，该怎么办呢？我听到，这位小科学家说出了一个让大家都震惊的答案，那就是我们可以把地球改造成一个火箭啊。说干就干，接下来的三百年，人类在地球上安装了许多高达万米的火箭发动机，成功将地球变成了一个巨大的火箭。今天，我们的地球火箭就开始点火，推动着地球向 4.6 光年之外的比邻星飞驰而去了。

可是，在飞驰的过程当中，问题又来了。地球实在太大了，飞行的速度太慢了，而且它比太阳膨胀的速度还要慢，再这样下去，我们还来不及飞出太阳系，就要先撞到太阳身上了。有什么办法可以让我们的地球加速呢？其实，在 20 世纪 70 年代，科学家就已经利用他们聪明的大脑让火箭实现了无动力加速，他们是怎么做到的呢？接下来，我们来到下一个展品，一起来看一看，这个展品叫探测外太空之路，我们可以看到，展品内部有一条轨道，从地球内延伸出来，分别经过了木星、土星、天王星和海王星。现在，我们请这位科学家按下按钮，我们可以看到，一个小球从地球中发射了出来，每当它经过行星的时候，它的速度就会增加，最终顺利地飞到太阳系之外了。其实，这个展品向我们展示的正是一种无动力加速的原理，它的名字叫引力弹弓效应。

什么是引力弹弓效应呢？现在我们有请两位科学家来模拟一下。我们请这位大科学家站在原地，不停地自转，模拟木星；我们请这位小科学家模拟地球，现在我们请这位小科学家向木星跑去。小科学家开始接近木星了，当它接近时，请木星抓住小科学家的手臂，带他转一圈之后，用力将他甩出去。在经过木星加速之后，这位小科学家获得了更快的速度，往前跑去了。其实就和我们这张图展示的一样，当探测器接近行星时，就会被行星的引力抓住，随后跟随行星自转一圈后，再加速脱离行星，就可以获得自身的速度和行星的速度之和，速度加快。那么接下来，我们就利用引力弹弓效应，让我们的地球接近木星。好，成功接近木星，接下来，我们围绕木星转半圈，再加速脱离。现在，我们的地球成功达到了 16.7km/s 的第三宇宙速度，成功地飞出太阳系了。经过 2500 年的飞行，我们最终来到了比邻星的身旁，开启了新的地球时代。

故事到这里就结束了，大家是不是觉得非常有趣呢？其实，这个故事来自中国科幻小说家刘慈欣的著名小说《流浪地球》当中的情节。看科幻小说，可以让我们对科学有更多的了解，而科幻小说当中很多情节和原理，就来自我们的身边。现在，我想请各位小朋友，在剩下的时间里，去探索各个展品，利用展品的原理，来写一篇科幻小说，和爸爸妈妈一起分享。科普大舞台，有梦您就来，今天的科普短剧就到此结束了，欢迎大家下次再来光临！谢谢！

四、团队介绍

吴成涛：广东科学中心科普教育部展教高级主管，本项目负责人，对展品主题选择、创作思路等统筹管理。

关婉君：广东科学中心科普教育部展教主管，本项目执行人，统筹团队分工协作。

符永浩：广东科学中心展教辅导员，参赛选手。

罗广仪：广东科学中心展教辅导员，协助参赛选手梳理稿件逻辑、稿件呈现演练。

项目单位：广东科学中心

文稿撰写人：符永浩

单件展品辅导

蛇形摆

一、主题选择

蛇形摆这件展品极富吸引力，既可以激发学生探索的兴趣，便于开展辅导，还可以通过控制变量法来探究单摆周期与摆线的关系，是十分方便的实验道具。

二、创作思路

辅导对象：初中一年级学生。

辅导目标：使学生理解单摆的等时性原理和单摆周期与摆线长度的关系。

辅导思路：引导学生观察展品结构，发现展品中的摆线长度不同，之后通过计时得出每次摆动时间相同和摆线越长周期越长的结论，发现单摆的基本规律。

三、辅导稿件

同学们好，欢迎来到科技馆参观，今天我们一起去探索一件很有意思的展品。这件展品由 12 个被细线悬吊的小球，以及一个可以转动的挡板组成。转动挡板，使所有的小球位于挡板的同一侧，之后放平挡板。我们发现，随着时间的推移，小球逐渐呈现出交错摆动的状态，看上去像一条蛇，所以这件展品就叫蛇形摆。我们把像展品中这样由细线悬挂着重物往复摆动的系统称作单摆，那么为什么 12 个单摆可以化身为蛇呢？请同学们仔细观察展品的结构，有同学说展品中的小球完全一样，但是悬挂小球的细线却有短有长。那么这是不是产生蛇形摆的原因呢？接下来我们通过实验来验证一下。

在实验开始之前，我们先将所有的小球按照摆线由短至长依次编为 1 号至 12 号。同学们也分为 A、B、C 三组，分别去观察摆线最短的 1 号球、中间的 6 号球和最长的 12 号球。接下来，每位同学可以用秒表计时，当小球运动到最低点时开始计时，之后当它间隔一次再回到最低点时，按下计次按键，记录下小球完成一次完整的摆动所用的时间，在记录 10 次数据之后停止计时。

现在请观察自己记录的数据，发现这些数据非常的接近，可以说是近似相等的，那是不是就可以说小球每完成一次摆动所用的时间都是一样的呢？的确如此，这就是单摆的等时性原理，摆动一次的时间就叫作周期。

接下来我们把记录到的所有数据汇总起来，然后计算本组数据的平均值。我们得出 A 组的平均值是 1.5 秒，B 组是 1.7 秒，C 组是 1.9 秒。可以看出 C 组时间大于 B 组大于 A 组，这就说明 12 号小球的周期大于 6 号，大于 1 号，结论就是单摆的摆线越长，它的周期也就越长。正是因为这个原因，展品中的小球摆动的才会有快有慢，最终呈现出蛇形摆动的状态。

世界上最早研究单摆的是伽利略，它是从观察摆动的吊灯开始，不断地研究，得出了规律。伽利略这种对于生活中不起眼的小现象保持好奇，并以探究之心去不断探索的精神值得学习。如果同学们都能具备这样的精神，相信你们一定可以用科技的力量创造更加美好的明天！

四、团队介绍

于桐宇：天津科学技术馆辅导员。

赵　菁：天津科学技术馆展示部部长。

田　伟：天津科学技术馆辅导教师。

五、创新与思考

本次大赛提高了我的语言表述能力和舞台表现力，我通过调研和思考，找到如何利用展品引导学生开展参与性强的探究学习的方法。通过比赛我也从其他优秀选手身上学到很多专业技巧。未来需加强辅导过程中的对象感和亲和力，进一步提高科普工作的能力。

项目单位：天津科学技术馆

文稿撰写人：于桐宇

主题串联辅导

科技冬奥照见创新中国

一、主题选择

第二十四届冬季奥林匹克运动会于 2022 年 2 月 4 日至 20 日在北京市和河北省张家口市成功举办。“带动三亿人参与冰雪运动”，这是中国申办 2022 年冬奥会时向国际社会做出的郑重承诺。

科技是这届冬奥会不可或缺的重要支撑，无论是运用科技创新推进场馆建设、运用科技力量保障赛事组织，还是运用前沿技术提高运动员比赛成绩、运动智慧服务推动冬奥普及，每一方面都离不开科技的助力。可以说，这届冬奥会是名副其实的“科技冬奥”。

结合以上材料选择展品进行串联辅导。

二、创作思路

1. 辅导主题：科技冬奥照见创新中国。

2. 辅导对象：家庭团体。

3. 涉及展品：绿色能源——氢能源、流体阻力和陀螺转椅。

4. 核心概念：一是地球是人类生存的家园；二是工程的关键是设计。工程是运用科技进行设计、解决实际问题和制造产品的活动。

5. 辅导形式：分组互动的方式。

6. 创新点：能够让参与者对钢架雪车这样相对冷门的冬奥项目有一定的了解。

三、辅导稿件

大家好，欢迎来到科技馆参观。不知道大家有没有在冬奥会期间关注比赛，为我们的奥运健儿加油呢？冬奥会的成功举办离不开方方面面的保障与支持，所以今天在科技馆，我想请大家分成三组，分别从三个方面去寻找相关的展品，了解冬奥会里的科技奥秘。

在赛事保障方面，本次冬奥会使用的大巴车不是咱们平常乘坐的普通大巴车，而是氢能源大巴车，所以第一组观众请到展厅当中去寻找跟氢能源有关的展品。我们是不是还要想办法去提升运动员的成绩呢？没错，这里要提到一个可能相对冷门一些的项目，就是钢架雪车。运动员在雪车上的速度最快可以达到 150km/h，可以说是风驰电掣，是真正的勇敢者运动。而在比赛过程中，为了提升速度，运动员要对抗风阻，所以降风阻就成了取得好成绩的关键，第二组要寻找的就是和空气阻力有关的展品。第三个方面是赛事的推广，这次的冬奥会赛事直播当中，用到了“猎豹”摄像系统，它的速度非常快，可以达到 25m/s，但是它在运动的过程中一定要保持平稳，这样才能够捕捉到高清的画面，所以需要用陀螺仪来维持平衡，第三组寻找的就是与陀螺仪有关的展品。

我们先来看一下第一组找到的展品“绿色能源——氢能源”。氢能源是一种只会排放出水的清洁能源，不过在制造氢气的过程当中要用到电能，那用电不是要烧石油或者烧煤吗？那不还是会有碳排放，还是会有污染吗？这就涉及氢能的分类，如果用化石能源制出的氢是灰氢，用低碳的方式制出的氢叫作蓝氢，而如果通过光伏发电或者风能发电制的氢是绿氢。在蓝氢和绿氢领域，我们国家都有很强的竞争力，尤其是绿氢需要使用光伏发电技术，这方面我们有很大的资源优势，我国在青海省的塔拉滩建造了世界上最大的光伏发电站，占地面积和发电量都是全球第一。而蓝氢需要使用的低碳技术我国也发展迅速，本次冬奥会就应用了一项二氧化碳制冰技术，直接从空气中提取二氧化碳为场馆制冰，可以不排放额外的二氧化碳，真正做到了低碳无污染。

接下来看一下第二组找到的展品“流体阻力”。在这件展品中我们可以看到不同的滑块在水中的运行的速度不一样，而流线型的滑块在水里面运动的速度最快，因此我们可以通过设计流线型结构去降低流体的阻力。水是流体，空气是不是也是流体呢?所以说降低风阻也一样可以通过流线型结构来实现。而本次冬奥会为了提高我国钢架雪车运动员的成绩，我国企业自主研发出包含导流板和翼型降阻等全新技术的运动装备，实现 10% 的风阻降低率，让运动员的成绩最高可提升 0.054 秒。虽然这个数字看上去不大，但实际上在风驰电掣的钢架雪车项目中，1/1000 秒往往就能决定奖牌的归属。运用这种黑科技，中国选手闫文港在男子钢架雪车项目中勇夺铜牌，实现了该项目奖牌零的突破。

第三组找到的有关陀螺仪的展品是陀螺转椅。我们坐在上面通过改变陀螺的方向，可以反向改变我们在椅子上转动的方向，从而使我们能控制方向、保持稳定。陀螺仪实际上也是运用了这样的角动量守恒原理，能够很好地保障高速运动物体的稳定。我们知道猎豹摄像装置的速度是 25m/s，相当于 90km/h，因此必须要用到陀螺仪，才能让它在高速运动的同时还能确保画面的高清与稳定。

今天我们三个小组都很好地完成了任务，相信大家也对与冬奥会有关的科技知识有了足够的了解。实际上这次冬奥会当中由我国自主研发创新的“黑科技”还远不止于此，可以说我们用“科技冬奥”照亮了“创新中国”。自中华人民共和国成立以来，在党和国家领导下，我们国家取得的科技方面的成果和进步令全世界瞩目，而成功举办北京奥运会和北京冬奥会，进一步使我国的科技得到了系统性的提升。相信未来随着科技的进一步发展，我国一定能成为世界科技强国。好，今天的辅导就到这里，感谢大家！

四、创新与思考

加强知识储备，收集更多素材，同时可以在辅导中设计道具或学习单，从而提高趣味性和互动性。

项目单位：天津科学技术馆

文稿撰写人：于桐宇

单件展品辅导

负压鱼缸

一、主题选择

结合展品“负压鱼缸”进行主题辅导。

二、创作思路

观察展品“负压鱼缸”提出问题：鱼缸中的水为什么没有从亲水口溢出？通过简单的吸管实验理解负压鱼缸的科学原理，再通过类比分析认识负压病房。围绕科学探究的过程（观察现象，发现问题，实验验证，分析得出结论）进行展品主题辅导。

三、辅导稿件

亲爱的同学们，你们好！欢迎来到科技馆，咱们科技馆提倡是在玩中学、学中玩，玩学相长。大家请看，我们面前的这件展品叫负压鱼缸。请大家仔细观察，这个鱼缸和平时常见的鱼缸有什么区别？“哎！老师老师，这鱼缸这么高亲水口这么低，水却没有从亲水口里溢出来”。你观察得很仔细。这鱼缸的水为什么没有从亲水口流出来呢？

想要找到答案，我们先来做个实验。大家看，这里有两个杯子，一个装着水，而另一个是空的。这里还有一根吸管。现在我要考考大家，如果不用嘴巴也不借助其他工具，单单只用这根吸管能不能把水转移到空杯子中？带着这个问题老师给大家一点提示。请左手边的同学先用手封住吸管上口然后放入水中再提起，水吸起来了吗？没有。那请右手边的同学先把吸管放入水中，然后再用拇指封住吸管上口，提起至空杯子上方呢？这水竟然乖乖地停留在了吸管里。

这是为什么呢？其实当我们把吸管放入水中用拇指封住吸管上口时，吸管上端形成一个密封空间，密封空间的气压小于吸管外的大气压，这个气压差就会将水稳稳地托住了。

我们再回到负压鱼缸。负压鱼缸与刚才的吸管实验有什么相似之处呢？没错，负压鱼缸的顶部也是密封的。由刚才的小实验可以推出，密封空间的气压小于鱼缸外的大气压，鱼缸内外的气压差可以支撑住这段水柱，所以水才不会从亲水口流出。我们把低于一个常压的气体压力状态称为负压，负压鱼缸就是巧妙地利用了负压，从而解决了传统鱼缸能长不能高的难题，既方便了喂食换水，又增添了互动价值。

相信大家都听说过负压病房。那谁能举一反三，说说这负压病房的科学奥秘？没错，负压病房也是如此，病房内的气压小于病房外的气压，外面的新鲜空气可以进入，而病房内被污染的空气却不能随意排出，这就是负压病房的神奇之处。

好了同学们，今天我们通过观察，发现了问题，负压鱼缸的水没有从亲水口流出来，通过简单的吸管实验我们解决了问题，并且理解了负压鱼缸的科学原理，通过类比分析，我们认识了负压病房。观察现象，发现问题，实验验证，分析得出结论，这就是科学探究的过程，科学探究将带我们学习科学知识，认识世界。大气压的奥妙还有许多，请同学们接着探索！

谢谢大家！

四、团队介绍

许世梅：广西科技馆展教部部长。

张祖兴：广西科技馆培训部讲师。

赵寒寒：广西科技馆展教部科技辅导员。

项目单位：广西壮族自治区科学技术馆

文稿撰写人：赵寒寒　许世梅

主题串联辅导

科技成就力量

一、主题选择

依托“空间站综合演示 、航天员训练测试 、孟德尔豌豆实验”这三件展品进行本次辅导。从解决实际问题出发，融合探究式学习，主要面向展厅学生群体进行以“科技成就力量”为主题的展品串联辅导。

二、创作思路

以熟悉的科学家引入，激发学生兴趣；以展品为依托，通过观察、分析展品的科学知识完成深入探究，在交流总结中做到把科学知识和生活应用相结合，实现知识的延伸学习。

三、辅导稿件

亲爱的同学们，你们好！科学与生活息息相关，众所周知，21 世纪是个大科技时代。这和伟大科学家们的无私奉献密不可分。科学成就离不开精神支撑，科学家精神是科技工作者在长期科学实践中积累的宝贵精神财富。中华人民共和国成立以来，广大科技工作者为我们树立起一座座科技创新的丰碑，也铸就了他们独特的精神气质，为我国科技发展做出了重大贡献，实现了我们许多人梦想中的目标。

同学们，你们知道吗？早在 1953 年，23 岁的袁隆平就立下誓言要解决粮食增产问题，不让老百姓挨饿。为了实现这个目标，他一辈子躬耕田野、脚踏实地地把科技论文写在祖国大地上。说到袁隆平院士的杂交水稻，不由得让我想到了孟德尔的豌豆实验。大家看，当我按压操作台上第一阶梯的两个不同性状的种子模型时，操作台上贴有光电膜的玻璃板会显现豌豆苗长高、开花、授粉的发光图案。操作台第二阶梯桌下会弹出代表第二代的种子模型。同样，当我按压第二代种子模型中的任意一个时，会看到豌豆苗生长、开花、授粉发光的图案及产出的第三代种子模型。孟德尔豌豆杂交实验是人类探索遗传规律进程中的一项重要实验。通过实验，孟德尔发现，生物存在显性性状和隐性性状，基因对于性状的发育具有决定性的作用。科学家们就利用生物的这一特性，用杂交的方法创造变异，再在后代中选育新品种。而最近，我国的神舟十三号载人飞船返回舱在北京市开舱，其中有大约 12000 粒种子返回了地球。为什么要把种子送上太空培育呢？原来，太空的特殊环境，能诱使种子发生基因变异，这样就有可能选育出新品种。

太空具有微重力环境，还有带电的高能粒子，进入太空的种子和生物材料在受到弱辐射时会产生变异。利用太空搭载的这种变异，再回到地面上进行种植，选择那些可遗传且符合我们人类要求的变异，继而把它育成新品种。在空间站中的实验舱里，航天员们也会在太空中进行科学试验，包括太空育种、“青蛙实验”等。

想要登上太空也并不容易，航天员们都是经过层层选拔的，他们会通过各种器材进行训练。结合展品我们也可以体验，尝试训练和测试自己的反应力、观察力、深度知觉能力、听力、肢体配合能力和视力等，了解作为航天员需要具备的基本素质。有同学说航天员们真的不容易！是的，我国科技发展取得的辉煌成就是一代又一代科学家、科技工作者前赴后继、接续奋斗的结果。

具有崇高境界的科学家是“精神灯塔”，能够为科技发展引领航向。

四、团队介绍

许世梅：广西科技馆展教部部长。

张祖兴：广西科技馆培训部讲师。

赵寒寒：广西科技馆展教部科技辅导员。

项目单位：广西壮族自治区科学技术馆

文稿撰写人：赵寒寒

单件展品辅导

越转越快

一、主题选择

选择“越转越快”这件展品是因为这件展品互动性强，观众乐于体验。但是观众对角动量守恒原理的了解并不多，对展品背后的原理有辅导需求。

二、创作思路

角动量守恒原理是自然界的普遍规律，也是宇宙三大守恒定律之一，但是这个原理是大学物理内容，大部分观众对这个原理并不十分了解。结合中国空间站的时事热点，用航天员在太空不借助外力的情况下怎么转身的问题作为引入，吸引观众兴趣，把角动量守恒原理通过实验向观众呈现，设计探究实验环节，把使用科学方法（控制变量法）解决实际问题的理念渗透到探究环节，引导受众从科学探究中找到答案。

三、辅导稿件

同学们，你们好，2021 年 12 月 9 日，神舟十三号的 3 位航天员在咱们中国自己的空间站给大家做的太空转身你们还记得吗？叶光富老师用手臂画圈实现转身，这到底是怎么回事呢？

让我们带着这个问题先来体验一件展品，请这位同学坐到座椅上，转动手柄，让转盘竖着转起来。好，现在请你把转盘横过来，神奇的事情发生了，这位同学转起来了。请大家观察一下，他的旋转方向和手中转盘的旋转方向是一致的还是相反的？没错，是相反的。这是为什么呢？

和太空转身的原理一样，这就是角动量的奥秘了！你们已经学过动量是描述物体运动状态的物理量，角动量则是描述物体转动状态的物理量。角动量既有大小也有方向，角动量的方向很好判断，大家和我一起伸出右手，做一个点赞的姿势，四指指向旋转方向，大拇指的指向就是角动量方向。

在太空转身实验中，叶老师做了这样的尝试，他的上半身向左转，角动量方向向上，下半身向右转，角动量方向向下，角动量大小相等，方向相反，保持守恒，所以很难完成转身，而叶老师用右手画圈时，产生了一个角动量，身体就会产生一个反向的角动量，导致身体旋转完成转身，原因也是角动量守恒。

刚才我们了解了为什么会转，接下来我们来探究怎样才能越转越快。“老师，我发现改变转盘的倾斜角度，我的旋转速度就不同”。那谁可以设计实验来验证一下？“老师，可以让这位同学把手中转盘在竖直方向上转起来，当倾斜到30°、60°、90°时，分别计时看它旋转一圈用多长时间，不就知道在哪个角度转得最快了吗？”这个实验设计得很好，我们一起验证一下，在30°时需要9秒；在60°时需要7秒；在90°时需要5秒。通过实验大家发现了什么？在其他条件不变的情况下，改变角度可以影响旋转快慢。那还有什么办法能让它越转越快呢？答案不是唯一的，就留给同学们去思考吧。

尽管角动量守恒定律可以从牛顿定律中推导出来，但是它的适用范围比牛顿力学的适用范围还要广，例如，天体运行，陀螺旋转，航天器的姿态调整，人走路时的摆臂动作，无论是物质的低速运动还是高速运动，无论是宏观运动还是微观运动，都遵守角动量守恒定律。所以说科学的原理不仅是理论上的推导，更是从实验中总结出来的。科学不仅体现在神舟飞天、蛟龙入海、筑梦天宫这些举世瞩目的科技成就中，科学啊它就在我们身边，等待着我们去发现、实践和探索。

四、团队介绍

毛彦芳：内蒙古科技馆展览教育部副部长、馆员。

杨冬梅：内蒙古科学技术馆科技交流部部长、副研究馆员。

马亚韬：内蒙古科技馆展览教育部部长、馆员。

五、创新与思考

对角动量及角动量守恒概念的理解是教学的重点和难点，在短短四分钟的时间要想讲清楚是不容易的，在辅导的过程中应该更多地体现趣味性，以增进学生学习科学的兴趣，在辅导中融入科学探究的过程，鼓励学生运用科学方法自主探究、分析并得出结论，提升学生的科学素养。

项目单位：内蒙古科学技术馆

文稿撰稿人：毛彦芳

单件展品辅导

不同的船用螺旋桨

一、主题选择

展品“不同的船用螺旋桨”位于重庆科技馆交通科技展厅。与多数展品不同的是，该展品采用多组对比的形式呈现实验现象，因此选定此展品，并在探究过程中立足科学方法的学习与使用。

二、创作思路

辅导对象选为五年级学生。该年龄段学生具备一定的观察、比较和分析能力，但对“对比实验法”缺少了解，尚不能在探究实践过程中使用。科技辅导员使用展品中的四个螺旋桨设置两两对比实验，学生通过操作展品观察、比较不同螺旋桨的工作效率，在科技辅导员的引导下使用“对比实验法”解决问题。整个辅导过程重在科学方法的探究，从认识到了解，再到应用，贯穿始终。

三、辅导稿件

同学们，大家好，欢迎来到科技馆参观，马上就是金秋的九月了，同学们准备好秋游了吗？我小时候秋游就很喜欢去公园里划船，风景真是美，划的可是真心累啊。

如果我想要更轻松，并能让小船的速度更快，可以给我升级一个什么配置呢？给我的小船加螺旋桨。那我们要加个什么样的螺旋桨呢？我这里有四个螺旋桨，让我们来做一个对比实验，探究一下，挑一个最好的。

四个螺旋桨，在四个水箱中，摇动上方的手柄，螺旋桨就会上升起来。为了方便大家的观察与描述，我们给这个四个螺旋桨从左到右依次编号为1号、2号、3号、4号。现在请同学们来观察一下，这四个螺旋桨有什么相同或是不同之处呢？有的同学说是颜色，还有什么呢？有的同学说是叶片的数量。

接下来让我们来一场两两PK，同一颜色的螺旋桨究竟是三叶片的上升速度快还是两叶片上升速度快呢？我们不妨大胆地猜测一下，请支持三叶片的同学举手？看来大多数同学都认为三叶片的螺旋桨上升得快，实践是检验真理的唯一标准，请这位同学来，左、右手一边一个，以同样的速度同时转动1号和2号螺旋桨，果然三叶片的螺旋桨转动的速度更快，从而更快地升起来了，为了验证这个结果，我们再请这位同学来操作3号和4号螺旋桨，没错，还是三叶片的螺旋桨更胜一筹！

同为三个叶片的螺旋桨又会是谁更出色呢，我们再来同时转动1号和2号螺旋桨，2号螺旋桨转动的速度更快，这是为什么呢？请大家再来仔细观察看看，有没有什么隐藏的属性在起作用呢？我听见有同学在小声地说了，大声地告诉我，你发现了什么？2号螺旋桨叶片的倾斜角度似乎要更大一些。

现在我们可以得出结论，当其他变量固定时，螺旋桨的叶片数和倾斜角度会影响船用螺旋桨的工作效率，而在现实的应用中，还会有着其他的制约条件。刚才帮助我们得出此结论的科学方法就是对比实验法，它是探究事物变化规律的一种非常有效的方法。通过细致观察，对比实验，我们可以了解差异中所包含的规律。同学们也可以参照今天的对比实验，探究你们感兴趣的问题，得出属于你们的结论。

四、团队介绍

桑梓叶：重庆科技馆展览教育部科技辅导员、助理馆员。

张　丹：重庆科技馆展览教育部科技辅导员、馆员。

董　婧：重庆科技馆展览技术部展品研发工程师、馆员。

五、创新与思考

由于展品辅导赛的时间有限，本次的辅导过程将重心放在了科学方法，对于该展品所涉及的知识内容并没有得出一个完整的探究结论。所呈现的结果也不能在日常生活中直接应用。在日后的辅导工作中，也应对该展品进行拓展，进行更为全面的探究。

项目单位：重庆科技馆

文稿撰写人：桑梓叶

单件展品辅导

共振音叉

一、主题选择

用简单的展品诠释最基础的科学原理，通过把实践、故事和相关实例结合，从多个角度理解共振的原理及应用。

二、创作思路

辅导目标：通过展品和故事让学生从多个角度认识共振的现象和原理。

辅导对象：7 ~ 9 年级学生。

（一）导入

创设情境，引导兴趣。通过人体不同部位共鸣腔发出的声音不同的现象，引出共振概念，激发学生兴趣。

（二）探究

引导学生探究展品“共振音叉”，获得直接经验。通过两次不同的探究方式，改变变量，观察不同的现象。

（三）解释

通过探究，对原理进行深入理解和解释。通过两次不同的探究方式，理解改变音叉的固有频率会影响它是否共振。

（四）拓展

通过古代故事和赛格大厦的两个例子，寻求解决方法，应用共振知识，扩充概念的基本内涵。

（五）评价

对从古至今对于共振的探索进行评价，提出进一步的目标。

三、辅导稿件

同学们，你们知道现代声乐演唱中有哪三种唱法吗？对的，就是美声唱法、民族唱法和通俗唱法。请大家先辨识一下我的“啊”音有什么不同。（分别演示三种唱法）同样的“啊”音为什么给人的感觉就完全不同呢？那是因为，“啊”音在人体不同的位置产生共振。今天我们就通过展品“共振音叉”来直观地感受共振。

共振是指两个固有频率相同或者相似的物体，当其中一个发生振动时，引起另一个振动的现象。而这两个音叉，因为质量、形状、材质完全相同，所以拥有相同的固有频率，当我敲击右边的音叉时，左边的音叉也会发出声音，这就是共振。

早在唐代就记载了一个关于共振的有趣小故事：在一座庙里有一个磬，但这磬经常不敲自鸣。和尚抓破脑袋百思不得其解。他的好友听闻后，便仔细研究起来。他发现每次自鸣都出现在庙里敲钟之时。于是乎，他就用一把锉刀在磬上锉出了一个小口，那磬竟奇迹般地不再自鸣了。其友笑曰：“此磬与律合，故击此彼应也。”

贯古通今，经典再现。我们可以通过“共振音叉”继续深入探究。我把这两个音叉比作故事里固有频率相似的钟和磬。我现在给“磬”戴上一顶“帽子”，请这位同学来敲击一下“钟”，“磬”并没有发出声音。

究其原因，第一次敲击时，因为它俩的固有频率相同，很容易发生共振。而在第二次敲击之前，我给其中一个戴上了音频调节器，改变了它的固有频率，就很难发生共振了。

其实，共振的例子在我们的生活中比比皆是。2021 年 5 月 18 日，深圳赛格大厦发生晃动，里面的商户体验了一把惊魂时刻。而原因竟是大楼顶部桅杆的振动频率和大厦主体结构的固有频率接近，形成了共振。今天我们了解了共振音叉，你们有什么好的解决方法吗？非常好，我们可以给桅杆加上一个音频调节器！那还有更简单的方案吗？事实上，9 月 8 日，赛格大厦完成了桅杆的拆除工作，共振的问题也解决了。

古有磬上锉口，今有大厦脱帽，共振这种物理现象，早在 1000 多年前的中国就有了文字记载。我泱泱中华的先贤们千百年来所追求的科学精神、工匠精神始终一脉相承。科技创新、科学普及，我们永远在路上。

四、团队介绍

李　烨：温州科技馆副馆长。负责分管科技馆展览教育、展馆运营、展品活动研发等工作。

蔡　璐：温州科技馆展览教育部主任。研究方向为展区运营管理、人力资源管理、展教活动策划、设计与研发等。

张自悦：温州科技馆展区辅导员，助理编辑，研究方向为科学传播、展览教育。

周　杰：温州科技馆展区辅导员，负责文稿创意、初稿撰写。

五、创新与思考

本篇文稿先从声音的共振引出共振概念，然后从中国古代故事入手，结合共振原理引出实际应用，再由时事新闻深入探究。从多角度探究、理解共振概念。由于故事的吸引性和讲稿人的说书式呈现，辅导内容有较高的趣味性和可听性。但本篇稿件仍存在一定问题，如探究原理不够深入，探究过程展示不足，稿件仍有很大的改进空间。

项目单位：温州科技馆

文稿撰写人：周　杰　张自悦

单件展品辅导

动物的视觉

一、主题选择

展品“动物的视觉”通过摄像头采集图像、系统模拟，观众可在屏幕中看到果蝇、兔子、眼镜蛇、鱼和鹰眼中的自己。体验以动物视角看世界之乐，感受生物多样性之趣。

展品深受低年级学生喜爱，他们对动物话题很感兴趣、好奇心强。辅导结合展品特点和学情，运用对比体验、模拟体验等方法将学生眼中一个个独立、有趣的现象的内在联系揭示出来，探究生物多样性背后的科学原理，引导学生初步形成生物结构与生存需求相适应，适者生存的科学观念。

二、创作思路

辅导目标：初步形成生物结构与生存需求相适应，适者生存的科学观念。

辅导对象：小学低年级学生。

辅导思路：以“苍蝇为什么难打”这一生活困扰为切入点，引发好奇心。通过展品了解果蝇复眼结构特点，解答困扰问题的同时提出观点：果蝇的眼睛结构满足了它的生存需要；并引发更深入的思考：其他动物的眼睛结构是否也能满足它们的生存需要？通过展品再次对比兔子和狼的眼睛结构特点，了解双眼在头的两侧和正前方可满足不同的生存需要，验证观点。逐步形成生物结构与生存需求相适应，适者生存的科学观念。

三、辅导稿件

生活处处有奥秘、科学为你来破译。

同学们，大家好！夏天吃完的果皮不及时处理就会围上来几只小飞虫，赶也赶不走，打又打不到，这是怎么回事呢？我身边有一件展品，也许它能帮我们一探究竟！

展品中有一个大屏幕，当转动下方标有动物图标的转盘时，就能从屏幕中看到动物眼中的我们了。刚才说的小飞虫叫果蝇，它眼中的我们是什么样的呢？快来试试吧！“老师，我就像马赛克拼成的一样！”没错，果蝇的眼睛是复眼结构，什么是复眼呢？一为单、二为双、多个为复。它由许许多多的小眼组成，马赛克的图案正是由它特殊的眼睛结构决定的。有这样一双复眼长在头上，不同的小眼能看到不同的方向，视野十分广阔！所以，每次我们刚一抬手就被它发现了，这就是为什么我们总也打不到它，弱小的果蝇就是依靠复眼来躲避危险的，看来它的眼睛结构很好地满足了它的生存需要。

老师，那其他动物呢？

下面我们来对比另外一组动物：狼和兔子。它们是捕食和被捕食的关系。谁能告诉我它们的眼睛在头上的位置有什么区别呢？说得非常好，兔子的眼睛在两边，狼的在前面。为什么会有这样的差别呢？咱们再来通过展品看一看！请转动转盘到兔子图标，大家都发现什么了？“老师，兔子视野很大，但中间的模糊地带是怎么回事呢？”别着急！咱们通过角色扮演来体验一下。请同学们两人一组，背靠背站好，分别扮演兔子的左眼和右眼。两个人的观察范围加在一起是不是比一个人的大多了呢？观察范围越大越容易发现危险。即使这样，仍有两位同学仍有看不到的侧面区域，这就是屏幕中的模糊地带，也就是兔子的视觉盲区，怎么办呢？对，一扭头这个问题就被轻松解决了，兔子也是通过这个办法，来弥补视野上的缺陷的。

那狼呢？为什么它的眼睛长在前面，是不是也与生存需求有关？

现在请大家跟我一起做个小实验：请伸出双手的食指，举到与肩同宽，闭上一只眼睛，听我的口令，快速将指尖对在一起！能做到么？不太容易吧！请把双眼睁开，再试一次！这次是不是容易多了。这个小实验证明：只有双眼都长在头的正前方，视野才更容易重合，只有看到立体的图像狼才能更精准地捕食。由此可见，不同动物眼睛的结构是为了满足它们不同的生存需要。

其实，不仅仅是眼睛，像长颈鹿的脖子、候鸟的迁徙，这些多种多样的形态、行为、功能和结构都体现着对生存环境的适应性，正所谓：物竞天择、适者生存！

四、团队介绍

赵　冉：北京科学中心科技辅导员、副研究馆员。研究方向为科学教育、课程研发、馆校合作。

苗秀杰：北京科学中心科学教育部部长、研究馆员。研究方向为科技馆教育。

项目单位：北京科学中心

文稿撰写人：赵　冉

单件展品辅导

不同的船用螺旋桨

一、主题选择

这件展品可操作性较高，观众能够通过操作直接观察现象，而且不同的螺旋桨的现象不同，适合进行对比试验。

二、创作思路

辅导对象：小学高年级学生。

辅导思路：考虑到展品的特点，我最终选择以“控制变量法”为辅导的重点。以螺旋桨推力来源为切入点，结合展品进行对比试验，分析影响推力的因素。由于辅导对象是小学生，整个辅导过程侧重于操作、体验和观察。

三、辅导稿件

同学们，大家好。2022 年 6 月，我国第三艘航母“福建号”正式下水，你们知道是什么推动了这艘万吨巨轮在水中航行的吗？发动机、燃料？都没错！还有同学提到了螺旋桨，这正是今天的主题，让我们一起来探究螺旋桨的奥秘。

这有四个不同的螺旋桨，请一位同学上来转一转其中一个的手柄，我们一起看看会发生什么现象。“看！螺旋桨上升了！”

这是为什么呢？让我们先从侧面来观察一下螺旋桨的造型，有没有觉得很眼熟？没错，很像飞机机翼的截面，上表面的弯曲程度比下表面更大。根据伯努利原理，上表面流速快、压强小，下表面流速慢、压强大，压力差产生了向上的合力，对于飞机来说，这是升力；而对于螺旋桨来说就是推力。把它安在船舶的尾部，就能推动船舶前进了。

不过影响推力的因素有很多，包括桨叶角度、数量、大小等。如果我们想研究清楚这些因素的规律，就需要控制变量进行分组实验。我们先来看看桨叶倾斜角度的影响。

请大家观察靠左边的两个黄色螺旋桨，它们的桨叶数量相同，都是两片，但是桨叶倾斜角度不同，分别为 15° 和 45°。为了避免转速对实验结果的干扰，同学旋转手柄时要尽量保持相同的速度，看看会发生什么现象？这位同学说啦，15° 的螺旋桨转起来比 45° 的轻松，但上升的速度没有 45° 的快。螺旋桨上升得越快，说明它受到的推力越大，所以我们就得到了一个结论，在桨叶数量和转速相同的情况下，桨叶倾斜角度越大，螺旋桨受到的推力越大。那么，是不是桨叶倾斜角越大越好呢？虽然角度增大推力会增大，但大角度螺旋桨转起来会更费劲，对船舶发动机的马力要求更高。比如对于小型的客船，15° 的桨叶推进力就足够了，而大型的集装箱船则会选择大角度的桨叶。这也告诉我们，在实践时不要拘泥于结论，要具体情况具体分析。

接下来到了自行探究的环节了！我会把学习单发给大家。在展品的右侧还有两个螺旋桨，大家可以探究桨叶数量对推力的影响，把你们观察到的结果填在学习单上的表格中。好，今天我们探究了两个因素，桨叶的角度和数量。在实际工程应用中，螺旋桨都要在实验室里经历反复测试，和大家今天做的实验类似，当然了，实际情况要更加复杂、实验也要更加严谨。“纸上得来终觉浅，绝知此事要躬行”，希望同学们在知识的海洋里像航母一样加速前行！

四、团队介绍

洪叶瀚：上海科技馆展教中心科学老师，主要从事科学课程研发与实施。

杨　波：上海科技馆展教中心科学老师，高级工程师，主要从事各类教育活动研发，观众研究和志愿者管理等工作。

倪　杰：上海科技馆展教中心科学老师，副研究馆员，主要从事教育教学、博物馆研究。

五、创新与思考

以往我的科普讲解以“讲述”为主，讲述某个科学原理、事实，与观众、学生的互动较少，借大赛让我们有机会思考科普辅导的方式：如何站在观众的角度解析展品，如何增加与观众的互动，让我获益匪浅。

项目单位：上海科技馆

文稿撰写人：洪叶瀚

三等奖获奖作品

3

单件展品辅导

椭圆焦点

一、主题选择

通过展品椭圆焦点来领略数学的魅力。

二、创作思路

辅导目标：通过观察，引导同学们了解椭圆。

辅导对象：初二年级同学。

三、辅导稿件

提起数学，人们常会与艰苦的思索、繁难的演算和复杂的逻辑推理联系起来，认为它是一门枯燥乏味的学科。其实，数学之美无处不在，德国数学家克莱因说过：“音乐能激发或抚慰情怀，绘画使人赏心悦目，诗歌能动人心弦，哲学使人获得智慧，科学可以改善物质生活，但数学能给予以上一切。”可见数学是多么神奇！今天，就让我们通过展品椭圆焦点来领略一下数学的魅力吧。

展品由一个椭圆形展台、上方的激光发射器、圆柱体和启动按钮共同组成。我们请一位同学按下启动按钮，发射器会射出红色激光束，遇椭圆内壁后形成反射，此时转动发射器，请同学们仔细观察，看看有什么规律。没错，不论我们怎样调整，激光束都会反射到另一处的圆柱体上。这是为什么呢?

让我们先从椭圆开始说起，椭圆是平面内与两定点 F1、F2 的距离的和为常数的动点 P 的轨迹，它是一种圆锥曲线，即在圆锥上斜着砍一刀，恰好不经过圆锥的顶点和底面，所形成的截面便是椭圆。它有一个独特的性质，即椭圆上任意一点的法线是该点与两焦点连线形成夹角的角平分线。

简单说就是椭圆有两个焦点，从其中一焦点发射出的光线碰到椭圆弧上的任意一点必然会折回另一焦点。展品中发射器和圆柱体分别位于椭圆的两个焦点处，所以激光束总会反射回圆柱体上。

椭圆的这一性质得到了广泛应用，例如体外超声波碎石技术，让患者的结石部位处在椭圆的一个焦点，另一焦点处释放高能冲击波，经反射聚焦，集中能量击碎结石。再如，电影放映机的聚光灯使用椭圆镜面，光源与片门分别位于椭圆的两个焦点位置，这样一来，片门处就可以获得最强光线。

说到这，是不是觉得椭圆有点意思?我再告诉你，行星的运动轨迹也是椭圆！德国天文学家开普勒经过计算，推断出我们所处的太阳系中，每一行星沿各自的椭圆轨道环绕太阳，而太阳则处在椭圆的一个焦点上。这就是著名的开普勒第一定律，也称椭圆定律。这一发现，直接推动了现代宇宙理论的发展和完善。

椭圆只是数学中一个很小的概念，就对我们的生活产生了如此巨大的影响，那么你想想数学有多重要?火箭的设计制造，离不开齐奥尔科夫斯基公式；没有快速傅里叶变换，就没有互联网；人工智能归根结底是算法……几乎所有的重大发现都与数学的发展进步相关，数学是自然科学的基础，也是重大技术创新发展的基础，如此美丽又强大的数学，你爱了吗?

四、团队介绍

李晨晨、韩长青、刘少卿、何昌晶：来自青海省科学技术馆。

五、创新与思考

本次大赛，让我更加深入地了解了应该如何去引领学生进行探究式学习，比如可以通过动手做，实际体验来激发学生的学习热情，也敦促我们在今后的探究活动中做到学以致用，给学生带来更好的学习体验。

项目单位：青海省科学技术馆

文稿撰写人：李晨晨

单件展品辅导

彩色的影子

一、主题选择

影子作为生活中常见的光学现象，其背后还蕴含着色光的奥秘。本展品现象明显，趣味性高，深受展厅观众的喜爱。

二、创作思路

辅导对象：小学生。

辅导目标：理解色光的合成与分解，进而了解生活中常见的色光的应用，如 LED 灯的工作原理。

辅导思路：从生活中常见的影子现象入手，提出问题，引导学生思考光与影之间的联系；通过简单的道具直观地感受色光叠加的过程，展示不同色光是如何通过基础的三色光叠加实现的；最后回归生活，进行拓展。

三、辅导稿件

同学们，欢迎大家来到科技馆参观。在开始之前我想问大家一个问题：影子是什么颜色的？我听到大家都在说影子是黑色的。但是今天，我们要见识一下彩色的影子。

让我们面向白墙，举起手，墙上出现了彩色的影子！而且还不止一种颜色，有紫色、黄色、青色三种颜色。

这是为什么呢？有同学说因为墙的对面有三盏不同颜色的灯。也有同学说灯的颜色和影子的颜色都不一样。那它们之间到底有什么样的关系呢？

现在我们拿起一张纸，在纸的中间撕一个圆形的洞，拿到白墙前。我们知道，光在均匀的介质中沿直线传播，所以我们会看到，这三色灯透过圆孔，投射在墙上分别形成了绿色、蓝色和红色三个光斑。

现在将卡片向白墙移动，光斑开始靠近，直至两两重叠，我们来观察一下会有什么样的现象发生。看，出现了新的颜色！蓝色和红色重叠的部分，变成了紫色；绿色和蓝色重叠的部分，变成了青色。那让我们再将卡片移近白墙，直至三个光斑重叠。我们看，居然是白色！通过这个实验我们知道了红光、绿光、蓝光两两叠加，能形成新的色光，而三种光混合在一起便形成了白光。当我们站在墙前，身体挡住了一部分光线，没有被挡住的光混合在一起就是我们看到的彩色影子了。而当我们距离墙足够近，身体挡住了所有的光，这时影子就是黑色的了。

有同学发现这里用到的三色灯和画画中用到的三原色好像不太一样。我们这里用到的是三基色。生活中常见的 LED 也是基于三基色原理。自 LED 灯发明出来，有越来越多的人选择了这种照明方式，就是因为环保。LED 灯不发射辐射和热量，还具有无频闪、低能耗、寿命长的优点。LED 灯从实验室走进千家万户，经历了科学家们几十年的不断探究，它背后的探索精神也点亮了我们的生活。

四、团队介绍

王嘉楠：天津科学技术馆辅导员。

赵　菁：天津科学技术馆展示部部长。

田　伟：天津科学技术馆辅导教师。

五、创新与思考

（一）创新方式方法

探究过程使用容易获取的白纸，方便辅导员在展厅开展讲解；配合简单的动手制作，锻炼了学生的动手能力；探究现象明显，过程有趣丰富，从基础原理走向生活现象再回归展品，形式完整。

（二）不足与改进方向

创作初期构思了多种辅导思路，形成了较长篇幅的初稿，后将部分知识内容删减，呈现效果仍不太理想。此次辅导虽然在讲解词及辅导方式上都有所创新，但因个人经验有限，辅导能力不足，在各方面仍有需要改进的空间。

项目单位：天津科学技术馆

文稿撰写人：王嘉楠

单件展品辅导

比扭力

一、主题选择

通过吉林省科技馆展品“比扭力”，来讲解常见的机械装置“轮轴”，用杠杆原理来阐述轮轴的“轮”的大小，对扭力大小的影响，以及介绍轮轴在生活中的广泛应用。并且在辅导过程中，用到了经典的科学方法进行实验和思考科学问题，锻炼学生的发散思维能力。

二、创作思路

本次辅导选取的是一个基础力学展品，辅导的对象是初中生，此年龄段的学生已经了解掌握了杠杆的相关知识，但初中的课本上对“轮轴”这个杠杆的常见变形却没有介绍或介绍较少。本次辅导就是为了让学生了解什么是轮轴，轮轴的结构是什么样的，轮轴在生活中有哪些应用。本次辅导从展品入手，由浅入深，在情境教学中，利用控制变量、逆向思维的科学方法，让学生做到做中学、玩中学，亲自感受轮轴的“轮”的大小对扭力大小的影响。让学生调动自己的基础科学储备，去理解展品，学习新知识。引导学生用发散思维去思考问题，掌握经典的科学方法，在今后的学习生活中能够运用这些方法去做实验，去思考问题，从而达到事半功倍的效果。

三、辅导稿件

大家有没有想过为什么汽车的方向盘是又圆又大的呢？而一些大型车的方向盘还会做得更大一点，这又是为什么呢？我相信在学习了比扭力这个展品之后，你就会有答案了。

我们先来看一下展品的结构，它是由两个大小不同的手轮连接在同一个轴上来构成的，那如何来比扭力呢？

我们邀请两位体型、力气差不多的同学到前面来。我们让两位同学向反方向用力来转动手轮，谁能转动手轮就获得比赛的胜利。我们看到手握较大手轮的同学转动了手轮获得了胜利，那能否就代表他的力气更大呢？现在我们让两位同学交换位置，再来比试一下，通过对比观察我们发现：手握较大手轮的一方总能获得比赛的胜利。那我们就可以得出结论：轮越大就越省力。

其实啊，我们把这样由轮和轴组成的系统就叫作轮轴结构。说起轮轴你可能会觉得有那么一点陌生，其实啊它就是咱们初中物理课上学过的杠杆的一个变形。大家来看，我们把杠杆绕着它的支点旋转一周就得到了一个轮轴，其中轮的半径就是它的动力臂，轴的半径就是它的阻力臂，和普通的杠杆原理一样当动力臂大于阻力臂时就能够省力，动力臂越大越省力，所以轮轴结构的轮越大就会越省力了。

那说到这儿啊，你也千万不要以为所有的轮轴，都有明显的轮和轴的形状，比如能让螺丝转动的扳手虽然没有明显的轮的形状，但是它也是轮轴的应用，扳手的曲柄就是轮轴的轮的半径。

轮轴在生活中的应用无处不在，小到家里的水龙头、门把手，大到汽车的方向盘、航天器潜水艇的舱门都离不开轮轴，可见无论是日常生活还是大科学装置都离不开这种简单的机械装置。以上我们提到的这些轮轴的应用都起到的是省力的效果。那么既然轮轴也是杠杆的一种，那有没有费力的轮轴呢？我们不妨逆向思维，既然把力作用在轮轴的轮上能够省力，那么只要把力作用在轴上带动轮来转动不就是费力的轮轴了嘛。电风扇就是最典型的费力轮轴的应用，电动机把力作用在轴上带动扇叶旋转从而为我们送风。

同学们，今天我们不仅学习了轮轴的知识，还复习了杠杆的原理，很多时候我们在学习新知识时都要和之前学过的旧知识进行类比分析，在进行实验时还要学会控制变量对比观察，在思考科学问题时还要学会逆向思维，只有掌握了这些正确的科学方法，我们才能够事半功倍。

四、团队介绍

刘佳伦，2019 年就职于吉林省科技馆，主要从事科技馆展品辅导、科普实验表演、教育活动的研发和实施等科普工作。

五、创新与思考

通过这次比赛，我见识到了来自全国各地的选手的风采，看到了很多展品辅导的新形式，新思路，给我很多启示。我会把我这次的所见所闻和感受分享给我在吉林省科技馆的同事们。在这里要特别感谢吉林省科技馆对我的培养和支持，并特别感谢我的同事邹洪瑶给予我的陪伴、帮助和建议。我会研学优秀的作品，并且加入一些自己的想法，让这些比赛作品走进科技馆，给观众带来更好的科普体验！

项目单位：吉林省科技馆

文稿撰写人：刘佳伦

单件展品辅导

氢火箭

一、主题选择

“氢火箭”展品，是许多科技馆都有展出的展品。其互动性、操作性、趣味性强，与当今所提倡的新能源建设和低碳生活理念有密切联系，容易激发观众的兴趣。

二、创作思路

通过北京冬奥会上氢火炬的使用，引发学生对氢能的探究兴趣，参观体验“氢火箭”展品，引导学生观察并分解展品现象，从而一步一步地了解氢能的原理及应用。

三、辅导稿件

同学们，冬奥会开幕式大家都看了吗？给你们印象最深刻的是什么？以“微弱的火苗”点燃了主火炬，并向世界传递了绿色低碳的奥运理念。没错，可这绿色低碳仅仅只是因为火苗小吗？这背后究竟是谁起着关键性的作用呢？今天我们就来揭开它的神秘面纱！

大家请看！在我身旁有这样一件展品，上方的管道内有一个火箭模型。现在请一位同学上来转动手柄，好的，就这位同学！现在请你转动手柄……（其他同学仔细看，在大管道内的底部有两根小的玻璃管），同时，为了方便同学们进行观察，老师在这边也画了一幅相同的示意图，大家都看到了什么变化？对，没错！产生了气泡。好，请这位同学继续转动手柄，再观察！发现了什么变化呀？（气泡在不断地向上涌，并汇聚在管道上方）还有呢？（发现了两根管子里的气体体积是 2∶1）没错，现在就请这位同学按下按钮使气体进入燃烧室，要知道氢气是可燃气体，燃烧会释放能量，不信？点火！ 3、2、1，快看，火箭升空了！别惊叹，还没结束，我们再来看看管子的内壁现在有什么？小水珠，是的，氢气燃烧后形成的就是水。那有同学知道这两根管子里的气体分别是什么吗？氢气，还有呢？氧气。那氢气和氧气的体积谁是谁的 2 倍呢？哦，氢气的体积是氧气的 2 倍。通过实验我们得出：水电解产生了氢气和氧气，生成的氢气和氧气燃烧后又形成了水。这就说明从氢气的生成到使用的全过程都是水的循环转化，所以它被称为零碳的清洁能源。

同学们，神秘面纱揭开了，现在能告诉我实现冬奥会绿色低碳奥运理念的功臣是谁了吧？没错，就是氢，它不仅实现了冬奥会历史上火炬的零碳排放，还实现了氢能汽车大规模地投入冬奥会的使用中。而这一切在冬奥会上就如同一个缩影，如何把它应用到我们的日常生活中来，实现绿色低碳的生活方式，助力于碳中和计划的推进，就需要你们通过科学的思维和科学的方法去实现了！

四、团队介绍

王方瑞：重庆科技馆展览教育部科技辅导员。

肖付莉：重庆科技馆科研开发部项目研发专员。

莫婷婷：重庆科技馆展览教育部科技辅导员。

五、创新与思考

在讲解词的撰写过程中，以热点事件为切入点，引发同学的共鸣，从而激发同学的兴趣。通过探究式、体验式的辅导形式，让同学们在体验探究的过程中收获直接经验，学到知识。

项目单位：重庆科技馆

文稿撰写人：王方瑞

单件展品辅导

试试你的力气

一、主题选择

本主题主要结合新科技——负压病房引起深思，深度挖掘负压病房的工作原理，结合吉林省科技馆展品——试试你的力气，通过对于压强差的讲解，将复杂的原理简单化，使学生在轻松的氛围下，充分理解新科技背后的基础科学原理。

二、创作思路

本次辅导的对象为初中生，此年龄段的学生对国家的先进技术和前沿科技已经有了初步的认识和了解，但对其背后的科学原理尚不明确。为了让学生充分理解负压病房的基本原理，本次辅导从基础展品入手，由浅入深，利用对比法、情景教学法等方法，让学生做到做中学、玩中学，同时利用轻松的语气让学生身临其境地感受展品魅力，从而充分感受大国重器和前沿科技背后的基础原理，让学生树立学基础原理、用基础原理的信念，为学生后续的发展做铺垫。

三、辅导稿件

今天就让我们通过这件展品，来一同了解“战疫黑科技”——负压病房。

虽然说这负压病房是现代科技的产物，但是它的工作原理也离不开 300 多年前的一次发现。那次发现证实了大气压强的存在，这个实验被命名为马德堡半球实验。在我旁边有三个空心半球，而大家需要完成的挑战任务就是把它们提起来，听起来好像“so easy”嘛，那谁想上来试试呢？我们就请这两位同学，依次站在半球前，准备好了吗？挑战开始！大家看，这位非常强壮的男同学居然都没有挑战成功，反而是旁边这位文文静静的小姑娘轻松提起来了。这究竟是什么原因呢？细心的同学发现，在开始挑战之前我偷偷地按了两位男同学旁边的绿色按钮。这绿色按钮可不简单，它连接的可是抽气装置，会将半球内部的空气迅速向外吸出，随着压强表上的示数变成了负值，说明半球内部处于负压状态，接近真空，而半球外是标准的大气压强，内外形成一定的压强差，从而将半球紧紧地压在了平台上。

负压病房与普通病房相比，最大的优势就是利用了压强差。病房内的压强比外面低 15 帕。而空气是从压强大的地方向压强小的地方流动，所以外面的新鲜空气进得来，里面被污染的空气出不去，极大地减少了病毒传播的可能性。我相信一定有人在想，那是负压，人在里面能行吗？举个例子，上海市和四川省成都市的压强相差 5740 帕，但我们从上海市到四川省成都市时，并不会感觉呼吸困难，相差这么多都没问题，我们就更不用担心只相差 15 帕的负压病房了。

如今科技飞速发展，我们上能九天揽月，下可五洋捉鳖。而在这些高精尖技术的背后，都由无数个基础的科学原理支撑着。同学们！知道这些原理可以让我们认识世界，而学会利用它们则可以改变世界，只有牢牢掌握这些基础的科学原理后，才能向远方的星辰大海发起冲击，这是我们每个人都应该拥有的科学态度。

四、团队介绍

李金柏：自 2019 年起到吉林省科技馆从事科普工作。

五、创新与思考

本次大赛是我第一次参加个人赛，收获很多，同时也有很多不足之处。这次展品辅导赛在稿件撰写方面，结合前沿科技的地方太多，理论讲解没有回归到展品本身，展品原理讲解不透彻，更加着重于前沿科技的讲解。通过本次比赛以赛代练，通过长时间的准备，对于前沿科技及“试试你的力气”这件展品有了更加深入的了解，同时更加能了解线上比赛和线下比赛形式的不同之处。

通过这次比赛，我有了非常多的成长，每次面对孩子们求知和开心的眼神时，就知道身上背负的责任非常重，也非常开心自己可以在他们求知的世界中出现过，很开心自己可以为国家倡导的科普事业贡献一分力量。在今后的工作中，希望可以给来到吉林省科技馆的观众带来更多的收获。

项目单位：吉林省科技馆

文稿撰写人：李金柏

单件展品辅导

角动量机

一、主题选择

展品“角动量机”位于安徽省科学技术馆二楼展厅。该展品设计简洁明了。从天宫课堂到北京冬奥，从空中转身到花样滑冰，角动量一直是贯穿其中的科学热点。而科学和艺术也是密不可分的，比如说地面芭蕾也运用到了角动量守恒。通过对展品的辅导设计，调动观众积极思考，引导观众探究式学习。

二、创作思路

辅导目标：通过让学生参观体验“角动量机”展品，让学生理解角动量守恒的原理及应用。

辅导对象：八年级学生。

三、辅导稿件

寻科学之理，探艺术之妙，八年级的同学们大家好，欢迎来到科学小课堂。谈到芭蕾舞，你们脑海中会浮现出什么样的画面呢？“老师，我会想到旋转跳跃”。非常好！但你们有没有发现每一次转动时，舞者都会将手脚收回，这是为什么呢？

这边的同学说是因为习惯，那边的同学说这样更优美。接下来，让我们借助展品“角动量机”一探究竟，它由一个转盘和中间的把手组成。现场哪位同学想体验一下跳芭蕾的感觉呢，好，我们就请这位女同学来体验一下。请你站在圆盘上，双手扶住把手，用一只脚使劲蹬地，让转盘快速转动起来。3、2、1，开始。现在，伸出你的右腿，然后，再把腿收回去，同学你有什么感受呢？“老师我怎么觉得自己忽快忽慢呢”。那其他同学，你们以旁观者的身份总结出什么规律了吗？“老师，我发现当他的腿向外伸时，转动的速度就会变慢；当他的腿往回缩时，转动的速度就会变快”。这位同学观察得很仔细！那位男生有疑问了，“老师老师，其他人也会这样吗？”不如你自己来体验一下啊！哎，我们发现他上台后的实验现象也是一样的！伸出腿，速度变慢，脚并拢速度变快！

其实啊，这就是展品想要告诉我们的答案。旋转的物体是具有角动量的，在不受外力的情况下，物体的角动量是守恒的，当质量不变时，物体的转动半径与旋转速度的乘积是保持不变的。当同学转动时，腿缩回来的过程他的转动半径在变小，为保持角动量不变，我们的身体的转速就慢慢变快。反之，则变慢。这也就是为什么芭蕾舞演员可以通过伸缩手脚来控制转动的速度。

在今年的冬奥会上，我国双人花样滑冰的金牌得主隋文静和韩聪在冰场上同样为我们展示了角动量守恒定律，随着他们伸缩手脚的动作，能明显看到转速的变化，从而实现多周旋转，给我们留下了深刻的印象。

同学们，舞蹈艺术真奇妙，当中科学可不少。舞芭蕾，伸缩腿，舞蹈姑娘个个美，析艺术，研物理，角动量守恒真可以。同学们，希望你们都能够悟科学之理，析艺术之美。让我们下期再见。

四、团队介绍

倪受国：安徽省科学技术馆展览教育部部长。

李蕴娴：安徽省科学技术馆展览教育部中级工程师。

盛依婷：安徽省科学技术馆展览教育部科普辅导员，主要负责展厅讲解和大型活动的接待。

五、创新与思考

在讲解词的撰写过程中，以科学和艺术作为主线，开头用芭蕾舞进行引入，激发学生的好奇心。在整个辅导过程中，重点用对比试验和探究式学习来引导学生发现伸缩腿与角动量之间的关系。结合2022年北京冬奥会的热点，结尾处以贯口来巧妙结束。但由于展品较为简单，操作性与探究性欠缺了一点，导致文稿深度不够。

项目单位：安徽省科学技术馆

文稿撰写人：李蕴娴　盛依婷

单件展品辅导

啄木鸟森林

一、主题选择

选择展品“啄木鸟森林”虽然现象简单，但对于啄木鸟下落时卡顿的原因，很少会有人会讲到摩擦自锁。所以，想要让学生从实验、归纳、验证、迁移这几个方面去了解摩擦自锁，了解啄木鸟森林。

二、创作思路

辅导目标：了解摩擦自锁的原理，掌握探索真理的科学方法。

辅导对象：五六年级学生。

辅导思路：在学生观察现象时，提出问题，引导学生思考卡顿原因。用小纸筒实验初步探索原因，再用生活中拉抽屉卡住的例子归纳出物体倾斜角度越大越容易卡住，从而从电工师傅爬电线杆的例子联系生活验证原理，最后迁移到小玩具猴子爬树的四个阶段。这四个阶段学生经历了实验、归纳、验证、迁移的科学探究步骤，让学生在这个过程中掌握科学知识，了解科学方法。

三、辅导稿件

同学们，大家好，在开始今天的辅导之前，我们先来猜一个谜语：一位森林好医生，救死扶伤立大功，不打针来不吃药，点头笃笃把病瞧。是什么呀？没错，啄木鸟。一起来看看今天的主人公“啄木鸟森林”吧！

首先，我们请这位同学来配合我一下，请你将啄木鸟提升到你手能够到的最高位置，接着释放，大家看到了什么？它开始不断地啄树干并逐渐下落。

这位同学提问了，它为什么会一顿一顿的呢？

我们一起来探究一下吧，这里有短纸筒、长纸筒。我们将它们依次套在这支笔上，大家看到了什么？滑下去了，有没有什么方法可以使纸筒停下呢？请大家利用你们面前的材料自己试试吧！

我看到有同学给两个纸筒都加上了配重，我们一起来试试。长纸筒依然下滑，而短纸筒就可以停下了。为什么呢？没错，是因为倾斜角度。配重让短纸筒倾斜角度更大。而长纸筒即使加上配重，倾斜角度也不够大，依然会滑下来。所以我们初步得出结论，物体倾斜的角度越大越容易被卡住。

在有限的实验里我们得出的结论到底可不可靠呢？我们用这两张纸来模拟家里的老式抽屉，有没有出现过拉不开的时候呢？是窄抽屉容易卡住，还是宽抽屉呢？我们来看，抽屉与边框之间的缝隙相同，抽屉越长，倾斜角度越小；抽屉越宽，倾斜的角度越大。所以是宽抽屉容易被卡住。我们又通过生活中的现象归纳了物体倾斜角度越大越容易被卡住。

那我们生活中还有没有类似的现象呢？看看老师画的这幅图能不能给你什么启发。它介绍的是电工维修师傅在爬电线杆的时候，脚上都会有一个像镰刀一样的脚扣钩在电杆上，当他们需要停下的时候就会增大脚扣与电杆之间的倾斜角度，这样就可以停下啦！这再次验证了物体的倾斜角度越大越容易卡住。

大家通过探究得出来的这个结论就叫作摩擦自锁。啄木鸟下落的卡顿就是利用了这个原理。我们刚才的例子都是向下滑动的，能不能利用摩擦自锁让物体向上呢？大家瞧！这个小玩具猴子爬树，就是最好的向上的例子。

通过刚才的探究，我们了解了摩擦自锁的科学原理。在这过程中我们经历了实验、归纳、验证、迁移，它不仅是重要的科学探究步骤，也是推动科技创新与发展的不竭动力。同学们，在获取知识时，获得知识的过程和方法往往比直接获得答案更重要。

四、团队介绍

尹　媛：参赛选手，陕西科技馆辅导员。荣获多项奖励。

王　冰：陕西科技馆技术保障部负责人，高级工程师。研究方向：科技馆建设，科学教育。

陈　涛：指导老师，陕西科技馆展教一部副主任，中级审计师。研究方向：科学普及与科学传播，科学表演创意策划。

五、创新与思考

在学习科学知识的过程中，掌握方法和激发兴趣比直接获得答案更重要。

项目单位：陕西科学技术馆

文稿撰写人：尹　媛

单件展品辅导

飞鸟入笼

一、主题选择

展品飞鸟入笼现象明显，其中的科学原理也与生活中很多有趣的现象有关。

二、创作思路

辅导对象：小学低年级学生。

辅导思路：通过游戏互动引入主题，激发学生学习兴趣，引导学生对于展品现象进行探究并学习视觉暂留的相关知识及运用。

三、辅导稿件

小朋友们，我们先来做个小游戏怎么样？我在黑板上画了一个小人。我们一起来盯着它的红鼻子看，千万别眨眼哦！10、9、8……3、2、1，快！看向白色的墙壁，快速眨眼，小人居然出现在了墙壁上，这也太神奇了吧！这是为什么呢？今天的探秘课堂带你寻找答案！

我们来看这件展品，转盘上立着一个大转筒，上面带有许多细缝，转筒周围围绕着不少形态各异的小鸟模型，它的名字叫作飞鸟入笼，你们相信吗？我可以让外面的小鸟进入转筒里，请一位小朋友来帮我转动转盘，你看到了什么？转动的转筒里出现了两只飞翔的小鸟，好，现在我们停下，小鸟消失了，小朋友们快来帮我检查一下，转筒里是不是藏有什么机关？什么都没有，难道是错觉？

下面请大家拿出纸、笔和老师一起在纸上分别画上动作有细微差异的小人，现在我翻动它，小朋友们注意观察，咦，小人居然动了起来，这看起来像什么呢？嗯，没错，动画片。那为什么我仅仅用了两张纸就能让小人动起来呢？其实在我们人眼看到的物体消失之后，物体的像会在视网膜上停留 0.1—0.4 秒，也就是说当第一页小人的像还停留在视网膜上时，我就快速将纸翻到第二页，那么第一页小人的像就会和第二页的小人叠加在一起，就这样反复翻动，我们就能看到一个动起来的小人，这就是人眼的视觉暂留现象。

我们最开始在墙上看到的小人和飞入笼中的小鸟都是由视觉暂留造成的。小朋友们，如果我想让小人有更多的动作该怎么办呢？这位小朋友说画更多页纸的小人，没错！这就像是我们玩的翻页动画书，画面越多，小人的动作也会更丰富，我们平时看的电影和动画就是在这个基础上产生的。其实视觉暂留很早就被我们人类运用到生活当中了，早在宋朝时期人们便运用这个原理制作出了走马灯，这也是历史记载中最早的视觉暂留运用。

有时我们看到的不一定是真的，这可不是魔法，而是科学的力量。小朋友们，其实科学就在我们触手可及的地方，让我们一起去探索和感受科学的力量吧！

四、团队介绍

陈　晨：云南省科技馆科技辅导员。

吴　霞：云南省科技馆科技辅导员，主要负责重要讲解接待、大型展教活动、辅导员培训及能力提升等方面的工作。

五、创新与思考

对于展品的原理解释不够清晰，没有考虑到辅导对象无法理解部分知识点；创新性不够，互动环节设计还可再改进。

项目单位：云南省科学技术馆

文稿撰写人：陈　晨

单件展品辅导

孟德尔的豌豆实验

一、主题选择

以生命科学学科中遗传学关于孟德尔的基因分离定律和自由组合定律为主题。

二、创作思路

展品辅导以互动展开，通过与观众的几个关于遗传学的小互动，激发观众对于展品辅导的兴趣，从而引出主题，然后介绍发现这一现象的科学家和科学过程，接下来通过展品还原基因的分离定律和自由组合定律，再结合现实生活中大家熟悉的例子对遗传学两大定律进行再度解释，加深观众的理解，最后进行总结。

三、辅导稿件

同学们好，今天老师要给大家说说和遗传有关的一件展品：孟德尔的豌豆实验。

在开始介绍之前，我们先来做一个小小的互动吧，邀请大家把手伸出来，首先观察一下自己的食指和无名指的长度，食指和无名指哪一个要更长一些呢？是食指还是无名指呢？好的，然后我们用手摸一摸自己的耳朵，有没有耳垂？好，现在大家再把手张开，两只手五指交叉，握紧，是左手大拇指在上还是右手大拇指在上呢？

是不是挺有意思的？看来大家的答案不一样了，这是为什么呢？其实这和遗传有关。

说到遗传呀，就不得不提一个人，大家知道是谁吗？他就是遗传学之父孟德尔了，出生于奥地利的孟德尔从小就对植物的生长和开花非常感兴趣。在 1865 年，孟德尔利用在修道院种植豌豆、菊花、玉米等植物的机会，经过多次的杂交试验最终发现了遗传学的两大定律，基因的分离定律和自由组合定律。

咱们科技馆中孟德尔的豌豆实验这件展品，就向我们展示出了遗传的规律。当我们选择两个性状不同的豌豆：纯种黄色和纯种绿色豌豆作为亲本，进行异花授粉杂交实验后，第二排长出了代表子代第一代的豌豆，看，竟然全是黄色豌豆。好，我们继续，当我们选择子代第一代的黄色豌豆与黄色豌豆自花授粉后，大家猜猜看啊，子代第二代是不是都是黄色的呢？其实不然，子代第二代出现了性状的分离：出现了黄色和绿色两种豌豆，并且黄色和绿色豌豆数量之比是 3∶1，这一结果显示出黄色对绿色是显性。这就是遗传学基本定律之一：基因的分离定律了。

有同学没看懂是吗？那我们就换种方法再来解释一下吧！拿个大家熟悉的性状来做例子吧，双眼皮和单眼皮是一对相对性状，双眼皮对单眼皮是显性，如果妈妈是双眼皮，爸爸是单眼皮，那么孩子是双眼皮的概率是多少呢？我来公布答案啊，孩子是双眼皮的概率为 1 或者 1/2，大家都推断正确了吗？

看似难懂的遗传学，经过生活化的结合其实也并没有我们想象中的那么难。酒窝、卷舌、卷发、美人尖……这些我们熟悉的性状，其实也都可以用遗传学的规律来解释呀。

四、团队介绍

赵　倩：2015 年 1 月入职云南省科学技术馆，从事中国流动科技馆及常设展厅科普辅导工作 7 年多。

吴　霞：云南省科技馆科技辅导员，主要负责重要讲解接待、大型展教活动、辅导员培训及能力提升等方面的工作。多次参加各级各类比赛，曾获中国自然科学博物馆学会科学技术奖、全国科技馆辅导员大赛一等奖、“全国金牌科技辅导员”等称号。

五、创新与思考

通过挖掘身边有趣的遗传学现象，培养参观群体对于生命科学中关于遗传知识的兴趣，将原本抽象的遗传学原理通过参观者身边的实例讲述，更加通俗易懂。受比赛时长限制，建议加入当前遗传学领域最新研究成果，丰富稿件内容。

项目单位：云南省科学技术馆

文稿撰写人：赵　倩

单件展品辅导

轮与轨

一、主题选择

火车行驶是生活中常见的事情。它的安全可靠离不开车轮和轨道的巧妙配合。因此，想要借助这件展品和大家聊聊火车车轮的小玄机。

二、创作思路

辅导对象：主要针对小学高年级学生，因为他们已经学习了关于几何图形的初步知识，可以理解火车轮的踏面设计。

辅导过程：先采取分组游戏竞赛的方式吸引大家兴趣，进而探讨失利一方弯道脱轨的原因，从而过渡到两组火车轮踏面的不同设计，得出结论：锥面设计更易通过弯道。最后进行总结，从游戏中得到启示，掌握细节、把握时机，才能实现人生的弯道超车。

三、辅导稿件

六年级的同学们，大家好！欢迎来到“轮与轨”项目的比赛现场！本次共有两支参赛队伍，他们分别是甲队和乙队。首先为大家介绍一下比赛规则：在相同火车轨道上最先到达终点的车轮队伍获胜。大家准备好了吗？比赛开始！

看！甲队的 A 轮和乙队的 B 轮你追我赶根本拉不开距离，不过 A 轮过弯道时的状态似乎不佳，它竟然脱轨了！与此同时，B 轮弯道超车率先抵达终点！让我们恭喜乙队！

我看到甲队有同学举手示意，请说！

“老师，我们队在直道上明明很有优势，怎么到了弯道就脱轨了呢？”

大家看，直道处的车轨内外侧一样长；而弯道处，外侧要比内侧长。大家想一想相同的时间，一个路程长一个路程短，车轮的速度还会一样吗？

对了，不一样，内轨路程短，速度会更慢，外轨路程长速度会更快，内外轨车轮存在一定的速度差。

那如果它们保持了相同的速度又会怎样呢？

我听到有同学说，可能会出现内轨车轮走完了弯道，而外轨车轮还在弯道中途的情况。

非常好！不过这样一来很容易导致脱轨，就像甲队的 A 轮一样。

可是老师，我们两队的车轮差不多呀，怎么乙队就没有脱轨呢？

真的差不多吗？我们一起来看看它们的侧面结构图。A 轮内外一样宽，像哪种立体图形？想一想你们最近学过的？对，像圆柱；那 B 轮呢？外面窄、里面宽，像……没有尖头的圆锥，很形象！

它们呀都是与铁轨接触的部分，叫“踏面”。A 轮的踏面是圆柱面，内外侧滚动半径一样大，无法满足弯道的速度差；B 轮就不同了，它的踏面是锥面，外侧滚动半径较小，内侧滚动半径较大，可以满足弯道的速度差。

也许有同学会问，B 轮滚动半径有大有小，怎样保证过弯道时与轨道接触的那部分刚好就是合适的尺寸呢？

这是因为火车转弯会受到离心力的影响，就像我们在游乐园体验旋转飞椅感觉要被甩出去一样，车体也会偏离原先的轨道，这个时候与铁轨接触的部分就由车轮的中心变成了内轨车轮的外侧及外轨车轮的内侧，而 B 轮又是这种特殊的锥面设计，自然也就顺利通过弯道了。

这么一看，尽管你们两队的车轮差异很小，但“失之毫厘谬以千里”，乙队的弯道超车就很好地证明了这点。这也告诉我们只有处理好细节，才能把握全局，抓住时机，实现人生的弯道超车。

好了，今天的比赛就到这里，谢谢大家！

四、团队介绍

陈　旭：培训团队成员，武汉科技馆展教部部长。

李登峰：培训团队成员，武汉科技馆展教部副部长。

五、创新与思考

除了火车轮的设计，火车轨道也有“外轨超高”的巧妙设计，如果能融合在稿件中，也许内容会更完整。

项目单位：武汉科学技术馆

文稿撰写人：程宇彤

单件展品辅导

自己拉自己

一、主题选择

关于滑轮的绘品最早出现于一幅公元前 8 世纪的亚述浮雕中。我国古代的《墨经》中也有关于人类使用滑轮的记载。如今滑轮仍旧在人类生活中发挥着巨大作用，是我们认识世界、改造世界必不可少的工具之一。

二、创作思路

辅导对象：以初中生为受众。

辅导目标及辅导思路：辅导基于展品，通过互动体验，了解滑轮的分类及动滑轮、定滑轮的不同作用，掌握基础机械原理。同时，基于基础原理，进一步引导受众，通过体验、对比，了解动滑轮省力原理，将 1/7、1/9、1/11 三个不同滑轮组省力的程度通过直观体验得出结论，使公式和原理转化为切身体验，让受众更加直观地了解展品原理，进一步达到辅导目的。

三、辅导稿件

清晨的城市里，无数电梯上下穿行，搭载人们开启忙碌的一天；嘈杂的工地上，林立的塔吊回转起承，将一座座楼建设到新的高度。这些常见的生活场景勾画出都市的活力，而它们背后都有一种看似简单、却充满能量的机械结构——滑轮组，什么是滑轮组？让我们一起去认识它。

瞧，展品“自己拉自己”由三个座椅和上方的滑轮组共同构成。由这位同学率先尝试，请你坐在座椅上拉动绳子。快看，轻轻一拽他就拉起自己了。这究竟是如何做到的呢？奥妙都在滑轮组当中。滑轮的中心是滑轮轴，滑轮轴的位置固定不动的叫定滑轮，它可以改变力的方向，所以当我们向下拉动绳子，自己向上运动。而轴的位置会随我们一起运动的叫动滑轮，当我们运动的方向与力的方向平行时，每两根绳子可以节省一半的力。

那是不是动滑轮越多就越省力呢？细心的同学已经发现，3 个座椅上方的滑轮数量不一样，那就让我们大胆假设，小心求证。请同学分别坐在标有 1/7、1/9、1/11 的座椅上试试看，怎么样？果然动滑轮越多越省力。1/11 的座椅拉起来最轻松。可这些数字代表什么意思呢？实际上，它与绳子的段数有关，承担被拉物体重量的绳子段数有几段，就代表我们只需消耗被拉物体重量几分之一的力。

结合展品分析一下，当我们坐在椅子上拉动绳子时，要拉起的是座椅、动滑轮和我们的重量，承担总重量的是动滑轮上的绳子和我们手里的绳子。以 1/7 的座椅为例，数数看，有 3 个动滑轮，每个动滑轮左右两侧各 1 段绳子，为 6 段，再加上我们手里的 1 段，总共 7 段，所以我们只需消耗总重量 1/7 的力就能拉起自己啦。

同学们再想想，如果我们不在座椅上，而是站在地面上，此时还是要消耗 1/7 的力吗？这时啊，我们要拉动的只有座椅和动滑轮的重量，不需要拉起自己，那我们手中的绳子自然不能算数，所以应该是，对了，1/6。

动滑轮改变力的大小，定滑轮改变力的方向，组合而成的滑轮组便拥有了巨大魔力。这么给力的家伙，其实早在《墨经》中就有了记载，从古老的木质滑轮到如今的组合滑轮，人类对工具的使用并非一蹴而就，而是经过了漫长的摸索和总结。

拉起重物的滑轮、点亮黑暗的电灯、连通世界的网络，我们不断发现、发明、创造、创新，为满足生产生活需要，提高着自己制造、使用和改进工具的能力。未来科技发展又会有哪些新的篇章，等待着你们去继续书写。

四、团队介绍

王韬雅：青海省科学技术馆科技辅导员。

韩长青：青海省科学技术馆馆长。

刘少卿：青海省科学技术馆展览教育部主任。

五、创新与思考

辅导充分结合展品，在展品体验的过程中，引导学生发现问题，通过清晰示例图了解定滑轮、动滑轮的作用和原理。同时，在动滑轮数量与省力程度的原理方面，创新性地提出新的辅导角度，着重辅导“人站箱”“人站地”时，不同情境下的省力多少。在受众自主探究的过程中，通过体验、比较和讨论，掌握学习方法，获取知识与技能。

项目单位：青海省科学技术馆

文稿撰写人：王韬雅

单件展品辅导

光纤传输

一、主题选择

光纤被誉为第二次世界大战后极有意义的发明之一，同时它也是现代信息通信的重要基石。而光纤之所以能够传输信息却蕴含着一个基本的物理知识，即光的全反射。选择“光纤传输”这件展品，一是希望让同学们认识到，在互联网高速发展的今天，我们之所以能够收到各式各样的信息，享受各种各样的便利服务，其背后都离不开光纤传输的支持。二是认识到任何一项颠覆性的技术进步都离不开基础的科学知识。

二、创作思路

辅导目标：通过让学生体验及观看展品的演示现象，了解光纤传输背后的科学原理，认识到基础知识的重要性。

辅导对象：初中二年级学生。

三、辅导稿件

同学们，大家好。欢迎来到科技馆！你们看，老师的手里拿的是什么呀？没错，一根头发丝。头发丝在我们印象中是不是非常细啊？那如果我说一根比头发丝还细的玻璃就能传输图像你们相信吗？嗯，我看到很多同学都摇了摇头。那下面让我们通过“光纤传输”这件展品，一起来眼见为实。

按下按钮，光线会打在下方的采集台上。此时我们将手柄放上去，上方的显示台立刻就会出现一模一样的图案。唉，同学们，为什么两个看似并不相连的平台之间可以在瞬间就传输图像呢？老师，我看到下方的柜子里有很多线，是不是跟这些线有关系啊？很好，这位同学观察得非常仔细。就是这些线将两个平台连接在了一起，而它们就是光纤。光纤是一种由玻璃制成的纤维，细如发丝，但却是传输图片、视频等信息的重要桥梁。那为什么信息可以在光纤中传输呢？下面让我们来做一组小实验。

同学们的手里有一支激光笔和一块扇形玻璃。首先我们让激光从玻璃射向空气，大家看到什么了呀？没错，我们能看到一条折射光线和一条反射光线。那现在我们慢慢地增大入射角度，当折射角达到 90° 时，又会发生怎样的现象呢？折射光线消失了，只剩下了一条反射光线。我们把这一现象称为光的全反射。一旦发生全反射，光线不会被四处分散，而是会全部反射到一个点上，这样就极大地避免了能量的损耗。

而光纤之所以能够传输信息就是利用了全反射的原理。能够让转换成光波的信息像波浪一样从一头传输到另一头。而正是有了光纤这种传输介质，今天我们才可以足不出户就能收到来自世界各地的信息，也能使成千上万的人同时观看网络直播。在未来，像 5G、云计算、大数据等新兴技术的发展也离不开光纤传输的支持。

一根光纤，一个基础的物理知识，让我们进入了信息高速发展的光时代，开启了通信革命的新篇章。回望历史，每一项颠覆性的技术进步，无不源于对基础理论的重大突破。审视现在，每一个卡脖子的技术难题无不掣肘于对基础研究的薄弱。同学们，根深才能叶茂，叶茂才能花繁。今天，我们将每一个基础知识都打深打牢，未来国家科技创新的大树定能古木参天，生机盎然。

四、团队介绍

陈妍君：新疆科技馆科技辅导员。

聂思宇：新疆科技馆科技辅导员。

高　炜：新疆科技馆科技辅导员。

五、创新与思考

不足之处：在展品的原理上讲的还不够深入，缺乏实验探究过程。

建议：可选择探究性强的展品，在辅导过程中要注重循序渐进，让同学们能在探究中得出原理。

项目单位：新疆科技馆

文稿撰写人：陈妍君

单件展品辅导

方轮车

一、主题选择

选择辅导展品为“方轮车”。通过方形车轮能否如履平地地前行引入思路，引导学生能够变换角度地思考问题，发现生活当中的“不可能”，培养学生善于观察、发现问题、主动思考、解决问题的能力。

二、创作思路

辅导对象：小学六年级学生。

课题导入：圆形车轮和方形车轮的对比。

知识点：悬链线。

扩展：联系生活当中的悬链线建筑和悬链线物品，如赵州桥、项链等，引导学生在日常生活中发现科学无处不在，并合理应用知识点解决生活当中的问题。

三、辅导稿件

同学们，大家好！方圆之间，变化万千，欢迎来到科普课堂！

谁能给老师讲讲哪些东西和圆有关？对！可以说圆就在我们身边，常见的车轮都是圆形的。

有没有想过，如果我们把车轮改成方形的话，结果会是怎样？我听到有同学说，动不了！还有同学说，会很颠簸，感觉屁股“开了花”……

难道就没有能平稳行驶的方轮车了吗？同学们可以开动智慧的小脑瓜思考一下，怎样才能让方轮车如履平地般地顺利前行呢？答案马上揭晓。

从视频中我们不难发现，这辆车，不光是车轮特殊，连车子行走的轨道也很特殊！方轮车能够平稳地行驶，是方形轮和弧形轨道密切配合的功劳。因为每条拱形车轨的弧长与车轮的边长长度相等，方轮在运动时，它的角正好落在两个拱形的衔接处，此刻车轮的角与轨道的最低处完美结合，而车轮运行到拱形顶部最高处时，恰好又和拱形顶部的最高点相结合，从而使轮轴中心在高度不变的路线上做平稳的运动。

当然了，这个看似怪异的轨道可不是随便做的，它包含了深奥的数学原理——悬链线。

悬链线是一种曲线，因形状与两端固定的绳子在均匀引力作用下下垂的样子相似而得名。

有趣的是，悬链线时常以看似“相反”的形式出现在我们生活中，除了方轮车轨道，最典型的就是拱桥。它们都是精心设计的悬链线建筑，因为它具有最稳定、最安全的特性。而悬链线的发现和运用完全来自生活，大家耳熟能详的隋朝时期的赵州桥就是最早的悬链线建筑，具有最安全、最稳定的特性。在西方，悬链线最早出现在达·芬奇的画作《抱银貂的女人》中。直到1690年荷兰数学家惠更斯创造了悬链线这个名词，一年后被惠更斯和瑞士数学家约翰·伯努利分别证实，并逐步运用到各个领域中。

同学们，一开始大家都觉得方轮车不能行驶，在特殊的轨道上，方形的轮子滚动起来和圆形的轮子甚至一样平稳，大家发现了吗？打破常规，就会把不可能变成可能。最后，老师希望通过这次科普课堂，能够启迪你们的智慧，去敏锐观察、睿智思考，并积极行动起来去发现生活中千变万化的奥妙！

四、团队介绍

张曜红：甘肃科技馆科技辅导员。

贺国华：甘肃科技馆工程师。

张志珉：甘肃科技馆中级经济师。

五、创新与思考

结合生活引入数学原理悬链线，本认为不可能在生活中发生的事却可以以科学的方式呈现，启迪学生的逻辑思维。但该知识点与课标的对接还存在偏差，应更注重将科学原理深入浅出地阐述，将辅导对象拓宽至初中三年级学生，语言的表达上可再活泼些，并注意措辞严谨。

项目单位：甘肃科技馆

文稿撰写人：张曜红

单件展品辅导

滑坡竞赛

一、主题选择

在展厅工作时，本人通过对中学生参观展品喜爱程度的观察，发现大部分中学生对展品“滑坡竞赛”有一定的参观兴趣，比较喜欢驻足体验并与讲解员交流，这使我深刻地认识到：通过展品联系学生生活实际，结合课堂中所学习的科学方法，将展品探究融入科技热点，引起中学生探究展品的兴趣，激发他们自己得出结论的兴趣。

二、创作思路

辅导目标：通过基于对展品的体验及模拟对比实验对“转动惯量”进行探究，从实践中进行探究式学习，使中学生通过探究展品的过程获得直接经验，实现科学认知。

辅导对象：初中二年级学生。

辅导思路：通过科技热点的引入，激发学生的探究兴趣；再通过对比——体验——认知等，为学生创造体验的条件，引导探究式学习；最后进行拓展延伸，了解生活中的“转动惯量”；整个辅导的目的是使学生获得直接经验。

三、辅导稿件

星空浩瀚无垠，探索永无止境！初二年级的同学们，欢迎来到科技馆太空教室，今天的探究先从天宫课堂的视频开始，航天员叶光富在太空中做了一个有趣的实验，他张开双臂旋转，转得很慢，缩回双臂，转的很快，这是为什么呢？想要知道答案，就请出今天的主角——滑坡竞赛。

下面我们一起来见证一场速度的比拼。轨道上的A、B、C三个滚轮就是今天的参赛选手，现在请一位同学来当裁判，你为大家检查这三名选手，称一称它们的重量，量一量它们的尺寸，大家发现了吗？三个滚轮的大小、形状和重量完全相同，有同学说了，老师，我发现滚轮上金属块儿的位置不一样，那金属块的位置会不会影响到今天的比赛结果呢？让我们拭目以待，请裁判把滚轮放到三条相同轨道的起点位置，然后同时释放，3、2、1，走你！很明显，最左边轨道的A滚轮最先到达，我们再将B、C滚轮分别放到左边轨道上依次来做对比实验，同学们认真观察，做好记录，通过比较法，我们发现不管怎么换，得出的结论都是A滚轮跑得最快，有同学提出疑问了，金属块离轴心分布的远近为什么会影响滚轮转动的快慢呢？别着急，咱们还用实验来说话。

我在钢尺的两端吸上了数量相同的磁铁，钢尺的两端因此有了重量，接下来请这位同学把手夹在钢尺的中间来回晃动，感受一下磁铁在中间和两端哪种情况下更容易晃动？答案是什么？没错，磁铁越靠近钢尺中心越容易被晃动。也就是说离旋转中心越近，物体就越容易被转动，这种性质在科学上叫作转动惯量，它是指物体绕轴转动时惯性的量度。

转动惯量在轮子大小和重量都相同的情况下，还和质量分布有关，当金属块分布得离轴心近时，转动惯量较小，产生的加速度大，滚轮自然就转得快啦。除此之外，转动惯量是否和物体的形状、转轴的位置有关呢？这个问题就留给大家回去思考。

转动惯量有着重要的物理意义，在发动机叶片、飞轮陀螺以及人造卫星的外形设计上，精确地测定转动惯量，都是十分必要的。今天我们通过实验探究了转动惯量的秘密，大家学会了吗？伽利略说一切的推理都应该从观察和实验中得来，他也由此成了实验科学的奠基人，同学们也应如此。

在科学探索的道路上，我们每一个人都像是滚轮上的金属块儿，只要我们共同向着科学的轴心靠拢，相信一定能够让科技进步的滚轮在未来发展的道路上越转越快。谢谢大家！

四、团队介绍

马　琳：参赛选手，内蒙古科学技术馆科技交流部工作人员，助理馆员，负责科普大讲堂，各类科技文化知识相关竞赛，统筹各项赛事的宣传策划；负责全区开展的科技辅导员培训工作方案的制定与实施。

尹　可：内蒙古科技馆副馆长、中国自然博物馆学会理事，多年从事科技馆展览策划组织、全区青少年科技馆教育工作。

杨冬梅：内蒙古科学技术馆科技交流部部长、副研究馆员，主要负责面向全区开展的科普大讲堂的相关工作；面向全区的场馆、大学、中学的赛事组织培训参赛等工作。

五、创新与思考

第七届全国科技馆辅导员大赛圆满结束，比赛只是一次集中的业务比拼，每个辅导员都展现了自己最好的一面，通过比赛，我发现了“山外有山，人外有人”，我们千万不能满足于现状，要不断努力提升自我，勇攀高峰。

希望今后大家更为关注的是通过比赛，大家能够相互交流、取长补短，努力提升科技馆的整体教育水平，我们的舞台不只是赛场上的舞台，最好的舞台也不只是舞台上短暂的几分钟，我们真正的舞台，是展厅，是我们的日常工作岗位，我们最灿烂的瞬间是为观众倾心辅导的那一刻。

通过大赛，我也发现了自己在展品辅导中的不足，比如在展品辅导的方法与技巧方面，缺少教学环节、体验方式的设计创新，缺少多感官体验、情境导入等的运用；在展品辅导的科学内容方面，缺少深层次科学内涵，缺少科学精神、科学思想、科学与社会、人与自然和科学的认识论、方法论、价值观等内涵……

今后，不论在工作岗位中还是面对比赛，都要充分发挥自己的热情，在平凡的科技辅导员岗位上踏实努力，发光发热！

项目单位：内蒙古科学技术馆

文稿撰写人：马　琳

单件展品辅导

缓慢的气泡

一、主题选择

“缓慢的气泡”是流体力学领域的经典展品。该展品互动性强、展示现象明显，辅导内容丰富。通过对展品的辅导设计，可以直观地引导观众理解复杂的科学原理。

二、创作思路

辅导目标：能够理解影响气泡上升速度的因素；可以通过对展品结构、现象的观察、比较，在自主探究的基础上分析原因、得出结论。

辅导对象：根据展品所体现的科学原理及呈现方式、考虑学生的认知水平，选择六年级学生作为辅导对象。

辅导思路：先以“小气泡能否追上大气泡”这一问题导入，使学生产生探究欲望；其次通过带领学生观察展品基本现象，初步了解影响气泡上升速度的因素；最后通过引导学生分段观察大小两个气泡的上升轨迹，了解涡流会影响下方气泡的上升速度，以层层递进的方式，讲述科学原理。

三、辅导稿件

同学们，大家好！先来考考大家，同一液体中的一大一小两个气泡，是大气泡上升快还是小气泡上升快？“大气泡”。好，当大气泡先上升时，沿同一直线运动的小气泡会在上升过程中追上大气泡吗？今天，我们将利用旁边这件展品——缓慢的气泡，一起找寻答案。

我们先一起看看这件展品。展品台上立着三个盛有硅油的圆柱桶，并且每个圆柱桶旁边都有一个打气筒与其相连。当我向其中打入一下空气。大家看到了什么现象？出现气泡，并逐渐上升。接下来我将再次按压，这次，同学们要仔细观察，气泡在上升过程中的速度发生了怎样的改变？气泡在底部时上升速度比较快，但是后来逐渐变慢。没错，气泡先在浮力的作用下做加速上升运动，因此在底部时上升速度较快。那为什么又会变慢呢？气泡在上升的过程中会与液体产生相互作用力，随着气泡速度的增大，气泡在相同时间内碰开的液体就越多，阻力相应增大，速度就逐渐变慢。就像我们在马路上骑自行车，速度越快，感觉到的空气阻力就越大。在理想环境下，当达到一定速度时，由于气泡所受到的向上的浮力和向下的阻力相互平衡，气泡最终就会以稳定的速度做匀速直线运动了。

了解完了气泡的上升轨迹，现在，回到一开始的问题，小气泡究竟会不会追上大气泡？哪位同学想来挑战一下？请你按照我的要求，连续打出一大一小两个气泡。我们一起分段观察气泡运动轨迹，大气泡先加速上升，接下来小气泡出现并加速上升，大气泡上升趋于匀速，最后当小气泡接近前面的大气泡时，速度突然变快，看！小气泡追上了大气泡，并与大气泡合二为一了。这是为什么？我听到有同学说，按照两个气泡的运动轨迹，是不是受到了上方气泡的影响？没错。

大家在学校都跑过中长跑是不是？当我们紧跟在其他同学后面时有什么感受？阻力小！速度快！其实，气泡也是这样。一个气泡在上升过程中，身后会形成向内旋转的涡流，带动周围的液体回流，冲击气泡底部，让气泡从球形变成平底的球帽形，同时涡流形成低压区，能够减少后面气泡的上升阻力，从而使后面的气泡加速上升，看上去就像在追赶前面的气泡一样。两个气泡距离越近，加速就越快，所以哪怕是小气泡也会在这种作用下成功追上大气泡。这一科学现象经常会被运用到化工领域。

短距离阻力小，小小气泡能逆袭。常观察，勤思考，科学就在身边绕。气泡学问有很多，下次继续来探索！谢谢。

四、团队介绍

周长婷：参赛选手，山东省科技馆展览教育部科技辅导员。

孟庆虎：山东省科技馆展览教育部部长、副研究馆员。

王申昶：山东省科技馆展览教育部科技辅导员。

五、创新与思考

本次辅导充分结合展品，以“小气泡是否能追上大气泡”这一认知冲突为出发点，通过分解体验的方式层层递进，引导学生观察思考，为学生提供了自主探究的情境。但因个人经验有限，原理研究不够透彻、辅导方式缺乏创新性。通过此次比赛，使我了解到自身的不足，也为今后的工作提供了更广阔的思路。

项目单位：山东省科技馆

文稿撰写人：周长婷

单件展品辅导

小泡泡　大学问

一、主题选择

肥皂膜这件展品构造简单，互动性、操作性强，而吹泡泡又是人人都做过的事情。从简单熟悉的事物入手，在讲解过程中层层深入，探究其中蕴含的科学知识。

二、创作思路

辅导目标：通过让学生体验展品，用不同形状的铁圈吹出泡泡和设置互动实验“水满不溢”。直观地认识液体的表面张力。

辅导对象：表面张力的知识点可繁可简，根据展品的知识点难度，将辅导对象设置为小学三年级学生。

辅导思路：因区赛到国赛期间天宫课堂第二次开课，其中也涉及表面张力的概念，故用天宫课堂中唯美的画面作为引入。在辅导过程中通过展品之间的对比互动和杯中加水的小实验，三者结合把表面张力呈现在学生眼前，让他们了解到日常生活中的小事也不乏科学知识。进而引导学生继续探究影响表面张力的因素。

三、辅导稿件

三年级的同学大家好！天宫课堂你们都看了吧？还记得那个在太空舱里晶莹剔透、

又大又圆的水球吗？似乎在天宫里，水就像拥有魔法一样，不受外界干扰，只遵循它的本性，稳稳地悬浮在空中。那它的本性又是什么呢？今天在科技馆我们通过展品，肥皂膜，来探究一下其中的奥秘！

先来观察一下，我身边的水槽中装有泡泡溶液，里面放有圆形、星形、三角形等不同形状的铁圈。当我把浸在其中的铁圈拿出的时候，你发现了什么？没错，它们各自都形成了对应形状的肥皂膜。那么我们能吹出星形、三角形的泡泡吗？挠挠头不如动动手，现在，我要请同学上来吹泡泡了，好，就你俩吧，手举得最快了。其他同学请仔细观察这个过程。奇怪了，怎么都是球形泡泡？“老师我发现在对三角形的薄膜吹气的时候，它像是被拉伸开来，晃着晃着才变成了一个球”。

这位同学你观察得很仔细，这股“拉伸的力”有个专属名词，叫作表面张力。那什么是表面张力呢？大家请看，这儿有个杯子，水已经满到与杯口齐平了，如果再往里面加水会发生什么？大家都说会溢出来。看好了，我用滴管一滴一滴地慢慢加入，神奇的一幕发生了：水并没有溢出来，而是在高出杯口处形成了一个鼓鼓的水包，这位同学说：水的表面绷得紧紧的，像是一层薄膜。这层薄膜就叫作表面层，因为液体分子的引力远远大于气体分子的引力，所以表面层的液体分子表现为相互吸引的状态。同时，液体表面具有收缩到最小的趋势，而球形的表面积最小，所以刚才我们用星形、三角形的铁圈都吹出了球形泡泡。而在太空中，物体只受到微重力的影响，表面张力就能“卸下包袱”，大显身手。在王亚平老师不断注水的过程中，液体表面晃动、收缩，最终形成了一个稳稳的圆球。

“老师老师，既然液体表面都有张力，那为什么清水就吹不出泡泡呢？”问得好！我们都知道在制作泡泡液时会在清水中加入洗洁精，而洗洁精属于表面活性物质，它的加入会削弱液体的表面张力。液表分子们的手拉得没那么紧了，自然就容易形成薄膜了。

今天我们通过观察、实验、对比的方法认识了液体的表面张力，其实影响它的因素有很多，比如纯度和温度等，那它们之间又是什么样的关系呢？留给同学们继续探究。

表面张力变水球，天宫课堂显身手。科技馆里来探秘，泡泡也是小能手。要问其中啥奥义，液体分子手拉手。除去常识和原理，勤动脑来勤动手！

四、团队介绍

杭思敏：宜兴市科技馆展示教育部辅导员。

严　峻：宜兴市科技馆馆长。

黄馨逸：宜兴市科技馆展示教育部副部长。

五、创新与思考

因为自身对复杂、难度高的展品没有把握，导致可选展品受局限。把简单的原理和知识讲清楚并不难，难的是把烦琐的科学知识用最通俗的语言表达出来。想要做到敢讲、能讲，就需要在日常点滴积累，只有不断深挖，潜心打磨，才能取得长足的进步。

项目单位：宜兴市科技馆

文稿撰写人：杭思敏

单件展品辅导

弹　　球

一、主题选择

在观众参观过程中，我发现该展品虽然操作简单，但是观众无法理解展品蕴含的物理知识，因此产生了深入辅导这件展品的想法。

二、创作思路

通过沉浸式教学法、探究式学习方法，结合展品的实际操作，引导体验者按照“观察—猜想—验证—解决问题”的过程，掌握学习方法。

三、辅导稿件

同学们大家好，在日常生活中，同学们有和爸爸相撞的经历吗？这位同学举手了，你来说一说。“老师，我和爸爸撞了一下之后啊，我一下子就被弹开了，但是爸爸还停留在原地，纹丝不动。那为什么我会被弹一下，而爸爸却纹丝不动呢？老师，是不是因为爸爸比我高比我重，所以我才会被弹起呢？”别着急，我们一起在弹球中寻找答案吧。

我们先来观察一下这件展品，我们可以看到这有两组弹球，这位同学说了这两根绳子上的小球摆放顺序不一样，一边绳子上的小球是从大到小的顺序排列的，而另外的一根绳子上球的摆放顺序杂乱无章，那么当我们让这两组球从同一高度上下落的时候，哪种方式摆放的球弹起得高呢？在实验开始之前，请大家一起和老师先预测一下实验结果，认为大球弹起高的请站在老师的左边，认为小球弹得高的请站在老师的右边。看来两种结果的支持者都不少啊，那究竟谁对谁错呢？实践出真知，下面我们就来实际操作一下吧！我们每个小组派出一名同学，一起拿起绳子上的球，放到与肩膀同样的高度，我数 1、2、3，你们一起松手。我们可以清晰地看到，小球在上时，很轻松地就被弹起来了；而大球在上的那一边，大球在绳子上纹丝不动。老师，我觉得他们拿起的高度太低了，我想再试试让小球从更高的高度上落下会出现什么样的现象。好，那你把球抬起到头顶位置，然后放手。还是和刚才一样，小球很容易被弹起，大球落地后还是纹丝不动。那这就说明在不考虑能量损耗的情况下，小球抬起高度和弹起高度没有什么关系。那到底为什么小球会被弹起来而大球却不动呢？这位同学说是因为小球轻、大球重。嗯，有一定的道理。其实这向我们展示的就是动量定理和能量守恒定律的应用。当我们把一组小球拖到半空，它的重力势能转化为了顶部小球的动能，整组球的动量和动能都会较多地集中在顶部的小球上，使它弹起高度变高。反之，大球在上时，底下的小球产生的动量和动能不足以战胜顶部大球的质量，所以自然就无法弹起了。

自然界中充满了各种碰撞，而这些碰撞都是动能动量的体现，小到我们玩台球，大到我们汽车的安全防护，甚至到导弹的拦截，都跟动能动量有关系，通过刚才的实验，我们开头的问题就很容易解释了，爸爸就相当于大球，我们就相当于小球，因为爸爸的体重要比我们多，所以我们很容易就被弹到一边了。最后，老师要给大家留一个问题，如果是两个相同质量的球叠放在一起，然后从同一高度上自由下落，又会有什么样的现象出现呢？

四、团队介绍

赵　佳：黑龙江省科学技术馆辅导员。

张　敏：黑龙江省科学技术馆展览教育部部长。

郝　帅：黑龙江省科学技术馆展览教育部副部长。

五、创新与思考

在辅导过程中的互动环节无法充分调动同学们的积极性，原理探究不够深入，探究方法有些单一，在以后的辅导中会增强互动感，使讲解更加贴合生活，让同学们可以更好地了解身边的科学原理。

项目单位：黑龙江省科学技术馆

文稿撰写人：赵　佳

单件展品辅导

锥体上滚

一、主题选择

选择锥体上滚展品的主要原因在于趣味性与科学性兼具，对称均匀的锥体看起来就像是在轨道上一反常态会向上滚动。但是通过仔细观察会发现轨道形状呈八字排列而非平行排列，这种构造会使得锥体轴在低端时的高度比在高端时还要高。同时，由于双圆锥体的重心在轴上，锥体向轨道高端运动时，其重心位置却是在逐渐下降的，这也正是“锥体上滚”的原因所在。

二、创作思路

辅导对象：一年级学生。

辅导思路：通过生活中简单的事例引入，将科学原理深入浅出地讲解，再利用假设法、观察法、测量法，让同学们学会用科学的思维探究其本质，从而感受到科学的魅力。同时，培养他们的探索精神，拓宽他们的科学视野。

三、辅导稿件

同学们，在生活中我们常听说一句话“耳听为虚，眼见为实”。那么请大家看我手

中的纸片，接下来，就是见证奇迹的时刻！（用手指弹纸片）

爱心瞬间变成了红色,（这个魔术）是不是很神奇呢?

今天，在科技馆呀，我们也有一件十分神奇的展品，更特别的是，它彻底颠覆了我们对生活常识的认知。

看，在我们的展台上，有一条倾斜的轨道，上面放了一个双圆锥体。如果现在我将锥体放在轨道的最高处，同学们猜猜会发生什么？哦？我听到大家都在说会滚下去。让我们一起来试一试，哎？这锥体竟然纹丝不动。接下来我换一个位置，将锥体放在轨道最低处，同学们再来猜一猜，会发生什么呢？我听到这位同学脱口而出：那肯定是原地静止不动啊！

到底对不对呢，来，我们就请这位同学上前体验一下，放好锥体，然后轻轻地松开手。神奇的现象出现了，锥体居然在缓慢地向上滚动。

这就奇怪了，俗话说得好“水往低处流”，生活常识告诉我们：地球上所有的物体都会受到重力的作用。难道它违背了自然的规律？

既然这样，我们不妨做一个大胆的假设，眼睛看到物体向上，是一种假象，展品没有违背自然规律，那就要证明物体的重心有向下运动的趋势。

现在，请同学们仔细观察并思考，双圆锥体的重心在哪个位置？这边有同学说在他的中心轴上，回答正确。

找到重心的位置后，让我们用测量法来直接测量一下。首先将锥体放在轨道最低处，测量一下中心轴到桌面的高度是多少，可以看到是 18cm。交换一下位置，把锥体放在轨道最高处，再次测量一下高度为 16cm。

通过这组数据，看来重心的确是有向下运动的趋势，并没有打破自然规律。

那么问题来了，为什么我们眼睛看到的却是锥体在向上滚动呢？别着急，让我们转换一种观察角度,（出示俯视图）我们从正面观察转换为俯视观察，让锥体再滚动一次。我们会发现，这轨道的两端并不是平行的，且轨道低的地方比较窄，高的地方比较宽，呈一个大写的“八”字形。

锥体在滚动的过程中，会沿着轨道逐渐降低重心，我们的双眼也就自然而然地看到锥体在向上滚动了。

所以同学们，在生活中，耳听为虚，眼见也不一定为实哦。看问题不能只看表面现象，还要学会用科学的思维探究其本质哦。就像我们今天通过假设法、观察法、测量法，找到了锥体上滚的秘密。

四、团队介绍

毛梦婷：太仓科技馆科普辅导员。

陆见青：太仓科技馆馆长。

五、创新与思考

我的创新点是希望通过我的讲解辅导，面对一反常态的现象，引导学生像科学家一样去探索、思考和学习，使学生深刻理解并掌握科学概念，培养学生的科学探究能力。

项目单位：太仓科技馆

文稿撰写人：毛梦婷

单件展品辅导

锥体上滚

一、主题选择

展品选择了视觉上具有欺骗性的“锥体上滚”展品，原理简洁且易理解，更方便开展互动模式的科普过程。

二、创作思路

本次辅导以初中生为对象，通过操作引发观众对展品浓厚的好奇心，引导学生仔细观察、大胆猜想、动手实践，分三步找到使锥体可以上滚的真正原因，同时阐述了科学的探索应是抛开现象、挖掘本质的过程，鼓励同学们多动手、去实践，把对事物的好奇心化成勇于探索的行动力。

三、辅导稿件

力学世界很复杂，科学方法解决它！大家好，今天我们要解密的展品叫锥体上滚。展台上有两条轨道和一个双锥体，请一位同学上来操作试试，只需把锥体放在轨道低处，在没有其他外力的作用下，锥体竟然真的向高处滚去了！

常见的球体为什么会从高处向下滚动呢？实际上我们看到的移动都是由物体重心的高度差造成的，物体受重力的作用总是会从重心高处向低处移动。

那大家再仔细观察这件展品，它又有哪些与众不同之处呢？这边的同学说：老师，我发现它的轨道不是两条平行线，而是呈一个下窄上宽的倒“八”字形。那位同学说：老师，这个锥体也很奇怪，肚子很大两头却很扁。

同学们找的都非常好！那“上滚”到底是不是因锥体和轨道的特殊形状造成的呢？锥体的运动是否还遵循着重心的运动规律呢？

接下来就需要用实践来验证一下了！锥体的侧视图是一个圆形，重心就在圆心处。从侧面进行观察，并确定在轨道高低不同时锥体的重心位置。

先把锥体放到轨道的低处，此时两条轨道距离相近，锥体两端很尖正好可以被轨道从下端托起，重心也随之被抬高。再把锥体放到轨道的高处，可以看到随着轨道间距离变大，在低处被托起的锥体此时由于支撑位置的向外移动反而重心下降了。

将两个重心点相连，可以明显看出在轨道低的位置锥体重心高，在轨道高处重心反而变低，且锥体的运动轨迹和轨道方向完全相反。实践证明锥体通过其特殊的形状和轨道宽度的变化形成了所谓可以向上移动的“障眼法”，锥体实际依旧做着向下的运动。

所以说，同学们！眼见不一定为实，抛开现象，寻找本质，再用科学的方法去实践吧，我们下次科技馆再见！

四、团队介绍

陈秋实：呼伦贝尔市科技馆辅导员。

董希彬：呼伦贝尔市科技馆馆长。

五、创新与思考

以大赛为平台展现了作为辅导员平日讲解工作的深厚积累，也通过参赛获得了整合经验、再次学习的机会。辅导稿件内容上应具有更多互动性，并与实际应用相结合，增加更多趣味性。

项目单位：呼伦贝尔市科技馆
文稿撰写人：陈秋实

单件展品辅导

方轮车

一、主题选择

基于滨州市科技馆趣味数学展区“方轮车”展品，我针对小学高年级或初中学生开发了这一单项展品辅导方案。方案结合科技馆的学习特征，采用探究式学习理论，引导学生在体验过程中进行简单的探究式学习，通过做中学获得直接经验，促进对展品中科学原理的理解。通过本方案的学习，学生可以更深入地理解展品中的科学知识点，提升展品教育效果，同时在课程设计和实施过程中，总结实践经验，为场馆的展品探究式学习提供可参考模式。

二、创新思路

（一）辅导对象

展品中的几何知识比较贴近生活，知识难度不高，通过对小学高年级和初中数学课程进行分析，学生都已经初步学习了基本的四边形和圆形知识，但悬链线的知识稍有难度，通过结合生活常识可以初步了解。根据皮亚杰的儿童认知发展的第四阶段的分析，11 岁到 16 岁的儿童思维逐渐发展成熟，逐渐超越具体事物的束缚，具有了抽象思维和逻辑思维，开始使用“假设和演绎”，进行抽象式推理和解决问题。针对该年龄段的学生，可以通过深入辅导的方式，引导其通过探究式学习法，从展品中获得直观经验，通过数据收集、分析和推理等，体会展品中蕴含的抽象思维。综上所述，笔者就将辅导对象设定为小学高年级学生和初中生。

（二）辅导目标

1. 知识与技能。

（1）了解悬链线的概念及其在生活中的应用。

（2）知道圆为轴对称图形。

（3）知道方形轮子在悬链线的轨道上运行，轴心到路面的距离可以始终保持相等。

2. 过程与方法。

（1）掌握科学研究的一般步骤：观看现象、提出问题、猜想与假设、实验验证、分析总结。

（2）掌握控制变量法和归纳分析法，并学会运用此方法进行科学探究。

（3）掌握逆向思维，并尝试运用其解决生活和学习中的问题。

3. 情感、态度和价值观。

（1）体验数学学科的乐趣。

（2）体会数学思维与生活的紧密联系，学会利用所学知识和方法去解决实际问题。

（三）辅导思路

本辅导方案基于探究式教学法进行设计，辅导中注重科学探究的要素，培养学生观察和分析问题的能力。

首先，抛出问题“方轮如何骑行”？结合日常经验对比，引发大家思考，形成认知冲突，激发学生的兴趣。

其次，通过体验的方式感受展品，观察展品，对比与圆形车轮的不同，并通过讲解和分析圆形车轮能平稳骑行的原因，提出假设，方形轮与弧形的轨道组合可能是平稳的原因，并与圆形车轮有内在联系，并设计探究方案。

再次，引导大家以等比例模型模拟方轮车，来观察圆形车轮和方形车轮之间的区别和联系，通过实际测量记录数据归纳分析，寻找展品中存在的数学问题。

最后，总结反思，强化核心概念——逆向思维，引导鼓励大家利用逆向思维解决生活中的问题。

三、辅导稿件

趣味数学，饱含科学，真理探究，实践挖掘！同学们，大家好，欢迎参加今天的数学大闯关，今天我们一起来探索方轮车中的科学！

“方轮车？轮子不都是圆的吗？方的能骑吗？”

这位同学，不要着急，能不能骑，一试便知，就请你试一下吧！其他同学请靠后，注意安全！

大家快看！这位同学们瞬间化身大力士，竟将方轮车驾驭自如，前进后退都不在话下，请问你感觉如何？

“感觉挺平稳的！”

这是为什么呢？请大家擦亮双眼，仔细观察展品。

“老师，我发现了！轮子下的轨道不是平的，而是由一段段曲线组成。”

这位同学真是火眼金睛，那你知道这个曲线有什么不同之处吗？

它可不是普通的曲线，它有一个特殊的名字，叫悬链线！一条均匀柔软的绳索或链条两端固定，其在重力作用下所具有的曲线形状便是悬链线！比如铁塔之间悬垂的电线，妈妈脖子上佩戴的项链都是悬链线。那为什么用它做轨道时方轮车就能如履平地呢？

我们先通过模型的方法来试一下圆形轮的车子。当圆轮滚动时，注意观察轴心到路面的距离有什么变化。

“轴心到路面的距离始终相等！”

是的，正是因为圆形轮在平坦的路面行驶，轴心到地面的距离始终相等，所以它非常平稳！

那我们的方轮车如何在地面上行驶呢？

我们不妨转换一下思维方式，让路面去适应车轮，方轮车又会如何呢？

先将方形轮的一边平行地放置于轨道的最高点，保持平衡，再来测量轴心到轨道下端的距离，为 8cm。

然后将轮子往前推，让方形轮一角处于悬链线中间，再次测量轴心到轨道下端的距离，为 8cm。

再将方形轮放置于悬链线侧面切线位置，测量轴心到轨道下端的距离，也是 8cm。

三次的测量数据竟然相等，这说明方轮车在悬链线轨道上前行时，能始终保持轴心处于同一高度，和圆轮在平面上一样。这便是方轮车如履平地的奥秘所在！

但并不是所有尺寸的方形轮都能在这条轨道上行走，因为必须要满足一段曲面轨道的长度与方形轮的边长相等。

怎么样同学们？你是否为这种独特的设计感到惊奇？这正是运用了逆向思维的方法，直观表现了特定的数学曲线。

如果你在生活遇到难题，不妨转变一下思维方式“反其道而行之”，以“出奇”达到“制胜”，结果常常会令人大吃一惊。

好了同学们，本次活动到这里就结束了，谢谢大家！

四、团队介绍

屈　乐：展教辅导员，滨州市科技馆 2021 年度优秀员工。

顾志谦：滨州市科技馆副馆长、副研究馆员、滨州市青少年科技教育协会副会长兼秘书长。

刘同舟：滨州市科技馆展览教育部部长。

五、创新与思考

（一）经验

科技场馆作为社会公众尤其是青少年进行科普教育的主阵地，相较于学校教育而言，科技场馆最大的优势就是拥有众多的展品，而辅导员在工作中将会面临“如何向参观者介绍这些展品”“如何利用这些展品开展活动”等问题，而想要做好展品的深入辅导工作，科学定位不同年龄段学生认知水平，采取灵活的教学方法是开展教学的关键。

我们前期开发过不少展品的单项辅导，主要集中在物理、生物等学科，数学类由于展品数量少难度大，较少涉及。2021 年，我们对数学类展品进行了集中学习和开发，学习内容包括初中数学课程、数学类益智游戏等，强化了大家对数学的认知和理解能力，同时也挖掘出了不少有“潜力”的展品，在全国科技辅导员展品赛中也是冷门，比如方轮车、概率、开关灯游戏、魔方正阵之门等。本次的展品方轮车，结构简单，操作性和趣味性很强，很受观众喜爱，特别是其中蕴含的逆向思维是该展品的核心概念。

（二）体会

实践是学习的核心。布鲁纳在他的认知理论中强调，学习者要主动探索，自己去思考、比较、对照、运用各种策略去发展重要概念。在科技馆的教学中，让学生们主动探索，积极参与到以实践为主的学习、观察活动中，把科学知识和实践活动结合起来，勤于思考、大胆假设，小心求证，从事物的发展中发现科学原理，是科技馆展开探究式教学的主要条件。

（三）收获

对于展品的研究和挖掘是实现高质量课堂的关键。需要辅导员在日常工作中不断提升自身专业素养、改进教学方法、把握学生心理规律，掌握不同年龄段学生的学习特点，启发和引导学生通过“做中学”来转变思维方式。展品辅导的关键在于辅导词的写作，如何将晦涩的科学原理讲得既有趣味性又不失科学性，极大地考验了科普工作者的能力；同时，道具的设计和使用也是辅导成败的关键，单纯的讲解并不能激发观众对科学的兴趣，合理易操作的道具能起到事半功倍的作用，也方便观众在家操作。

（四）问题与建议

长期以来，学生对于数学问题还是停留在做题考试，而没有应用到解决实际问题上来。公众对于数学的误解很深，导致数学是大多数学生学习中的困难。同时，由于数学较为抽象，难以结合生活去理解，所以开发数学类趣味游戏和展品，实现数学教学的寓教于乐刻不容缓。

首先，活动过程引导学生主动参与，主要考验辅导员的策略与评价方式。

其次，语言和活动安排要得当，不要刻意复制课本知识，应该结合生活、展品深加工，融入生活的方方面面，力求普及解决问题的实际办法，而不是枯燥的理论知识。

最后，在过程中，可以通过案例和道具来充分展现展品背后的科学原理和思维，激发学生的学习兴趣。

项目单位：滨州市科技馆

文稿撰写人：屈　乐　顾志谦　刘同舟